新 能 源 系 列

普通高等教育"十三五"规划教材

晶体硅太阳电池

JINGTIGUI
TAIYANG DIANCHI

沈辉 杨岍 吴伟梁 陶龙忠 编著

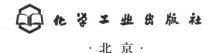 化学工业出版社

·北京·

内容提要

《晶体硅太阳电池》全面介绍了晶体硅太阳电池全产业链技术，对基础理论知识进行了讲解，从硅片生产技术、太阳电池理论到晶体硅电池的整个生产过程及工艺、电池性能检测及新技术发展等形成了一个完整的体系。书中内容与生产实际紧密结合，并大量采用了企业生产实际的实物图片，便于读者直观理解。为方便教学，本书配套电子课件。

本书可作为高等院校相关专业的教材或教学参考书，也可作为光伏产业技术人员的参考书和培训用书，还可供光伏技术爱好者选用。

图书在版编目（CIP）数据

晶体硅太阳电池/沈辉等编著. —北京：化学工业出版社，2020.8（2023.7 重印）
（新能源系列）
普通高等教育"十三五"规划教材
ISBN 978-7-122-37101-0

Ⅰ.①晶⋯　Ⅱ.①沈⋯　Ⅲ.①硅太阳能电池-高等学校-教材　Ⅳ.①TM914.4

中国版本图书馆 CIP 数据核字（2020）第 091966 号

责任编辑：韩庆利　　　　　　　　　　　　文字编辑：林　丹　赵　越
责任校对：王素芹　　　　　　　　　　　　装帧设计：韩　飞

出版发行：化学工业出版社（北京市东城区青年湖南街 13 号　邮政编码 100011）
印　　装：北京建宏印刷有限公司
787mm×1092mm　1/16　印张 12　字数 231 千字　2023 年 7 月北京第 1 版第 3 次印刷

购书咨询：010-64518888　　　　　　　　　售后服务：010-64518899
网　　址：http://www.cip.com.cn
凡购买本书，如有缺损质量问题，本社销售中心负责调换。

定　　价：45.00 元　　　　　　　　　　　版权所有　违者必究

前 言

晶体硅太阳电池
JINGTIGUI TAIYANG DIANCHI

对于晶体硅太阳电池而言，基本原理与工艺路线基本形成，但是所用的材料与工艺还是在不断发展之中。经过这几年的发展，我国晶体硅电池的产量已经牢牢占据世界第一位置，而且在整个产业方面形成了一个完整的体系，包括生产装备、关键材料、检测仪器以及认证标准体系等，并且形成了很强的创新能力。

晶体硅太阳电池是光伏发电系统的心脏。从本质上来看，太阳电池就是一个可以实现光电直接转换的半导体电力器件。一直以来，对太阳电池的发展要求主要基于三点：高效率，主要取决于电池的材料、结构及工艺水平；稳定性，电池都要封装成组件并要经受室外严酷条件的长期考验，而不出现明显的性能衰减；低成本，电力作为生活与生产必需品，电池生产成本要低，这样才有利于光伏发电推广应用。

本书主要内容包括绪论、硅片生产技术、太阳电池物理基础、晶体硅电池的整个生产过程及工艺、电池性能检测及新技术发展等。晶体硅太阳电池发展历史悠久，作为光伏发电的主导产品仍将持续很长时间。晶体硅电池还在不断发展与进步，目前晶体硅电池产业正处于技术提升阶段。预计不久，多种高效晶体硅电池产品将陆续规模化进入应用市场。

本书由沈辉博士组织、策划，并编写第1~3章、第9章部分内容及最终统稿。杨岍女士提供了初稿大部分内容，并编写第4~6章。吴伟梁博士编写第7~9章，并对全书部分图片和文字进行校正。陶龙忠博士主要负责全书的审阅和修改。书中有部分插图加工处理由黄嘉培先生完成。广东省太阳能协会秘书长朱薇桦女士提供了CIGS太阳电池和组件的相关数据。德国Juelich气候与能源研究所邱开富博士，中山大学太阳能系统研究所研究生刘宗涛、谢琦、姚志荣等人及泰州中来光电科技有限公司的包杰、赵影文和东莞南玻光伏科技有限公司的赖海文先生，对本书的编写与内容修正给予了必要的帮助，并提供了部分图片。 本书能够最终成稿与许多人的帮助是分不开的，笔者在此对给予帮助的所有同事与光伏同仁表示诚挚的感谢。

本书可以作为高等院校相关专业的教材或教学参考书，也适合光伏产业技术人员参考，还可供光伏技术爱好者选用。 晶体硅太阳电池技术还在不断发展之中。 由于笔者学术水平所限，本书一定会存在一些不足之处，笔者将会收集读者反馈的有关意见，在再版时进行修改与完善。

沈 辉
广州南国奥园

目　录

晶体硅太阳电池
JINGTIGUI TAIYANG DIANCHI

第5章　硅片掺杂工艺　65

附录 ························ 170

第 **1** 章

绪 论

太阳能光伏技术的基本原理即"光伏效应",早在19世纪就在法国被发现,但是由于技术与成本等原因,在近十多年才得到大力推广应用。目前,人类面临能源短缺与环境污染两大难题,大力发展光伏技术是大势所趋。本书的内容主要包括绪论、半导体材料、太阳电池物理基础、晶体硅电池整个生产工艺、性能检测及新技术发展等方面,其中一些内容来自于我们实验室的研究生论文工作。在光伏技术中,晶体硅太阳电池作为主流产品还将会延续很长时间。随着技术不断进步,光伏技术在21世纪成为重要能源之一是完全可能的。本章简要介绍太阳辐射基础、太阳电池发展历程、太阳电池基本类型及发展现状等内容。

1.1 太阳辐射概述

太阳位于太阳系的中心,是距离地球最近的一颗恒星,是由炽热气体构成的一个巨大球形天体。形成太阳的气体主要由氢和氦组成,其中氢占73.46%,氦占24.85%。太阳的中心温度高达约1.5×10^7K,表面温度接近5800K。太阳的直径是地球的109倍,体积和质量分别是地球的130万倍和33万倍。由于太阳辐射,地球表面平均温度才会维持在14℃左右,从而形成人类和绝大部分生物的生存条件,亿万年来太阳一直给地球带来光和热。如果没有太阳辐射,地球表面温度将会很快降到接近宇宙背景温度3K。所以可以说,太阳能是地球上的生命之源。此外,地面上大部分能源,如化石能源、风能及生物质能等都直接或间接与太阳有关,因此,太阳能也是能源之源。

太阳辐射在本质上就是一种电磁波。太阳辐射的能量主要集中在可见光和近红外光范围,约占太阳辐射总能量的90%以上。大气质量(air mass,AM)可以通过太阳光通过大气层到达地面的实际距离与最短距离之比表示。图1-1即为AM0与AM1.5的大气太阳辐射光谱分布。AM0是大气层外的光谱分布,而AM1.5是太阳光投射到地球表面约48°角的太阳光谱分布,这也是太阳电池地面测试的标准光谱。由于大气层的过滤，能够到达地球表面的太阳辐射波长主要分布在 300～2500nm 之间，而且由于水汽、臭氧等气体吸收呈现很多吸收带。其中紫外线，即波长＜380nm 的部分约为 7%；波长 380～780nm 的可见光部分占到 50%；而波长＞780nm 的红外线部分约为 43%。对于晶体硅太阳电池而言，太阳光谱响应范围的波长 ≤1100nm，能够占太阳辐射的大部分，达到 70% 左右。

在地球的大气层之上的太阳辐射由于不受大气层影响，所以有一个比较恒定的数值，人们将地球大气层外的辐射功率密度定义为太阳常数。根据相关的知识，地球的轨道离心率与太阳黑子波动对这一数值会有一定的影响。1982 年，世界气象组织在日内瓦公布的第 590 号文件中，确定太阳常数标准数值为 $P'_E = (1367 \pm 7) W/m^2$。

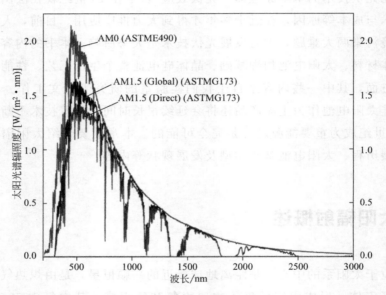

图 1-1　太阳辐射光谱分布，包括 AM0、AM1.5G（Global）和 AM1.5D（Direct）太阳光谱，ASTMG 与 ASTME 是地面使用的两个太阳光谱国际标准

太阳能技术就是要高效利用太阳所发出的光与热。对于光伏技术来说，就是利用光直接转换为电能。可以将化石能源看作是昨天的阳光，而光伏技术就是要利用今天的阳光。当然，光从太阳表面到达地球表面也需要时间，大约是 8min。太阳的巨大的能量不断向宇宙辐射，可达到 $3.6 \times 10^{18} MW/s$，但其中只有很少的一部分，约 22 亿分之一辐射到地球。尽管太阳能只有很少一部分辐射到地面，但数量还是非常巨大的，经过大气层的反射、散射和吸收后，约有 70% 的能量能够辐射到地球表面。每年辐射到地球表面的太阳能约为 $1.8 \times 10^{18} kW \cdot h$，等于 1.3×10^6 亿吨标准煤，是地球年耗费能量的上万倍。按照目前太阳质量消耗的速率，太阳的热核反应可进行约 50 亿年。对于人类发展的历史而言，太阳真可谓是"取之不尽、用之不竭"的洁净、可再生的永续能源。

1.2 太阳电池概述

1.2.1 国外发展历程

太阳电池已经有了 180 多年的发展历史，在此，有必要回顾一下太阳电池技术发展的重要事件。1839 年，年仅 19 岁的法国人 E. Becquerel 在做电化学实验时，发现光电流现象，后来被称为光伏效应。1877 年，英国科学家 W. G. Adams 与他的学生 R. E. Day 制作了第一片硒太阳电池。1883 年，美国发明家 C. Fritts 描述了第一块硒太阳电池的原理。1905 年，德国物理学家爱因斯坦发表了解释光电效应的论文，并由此获得 1921 年诺贝尔物理学奖。1947 年，美国贝尔（Bell）实验室 W. Shockley，J. Bardeen，W. H. Brattain 三位科学家发明半导体晶体管，同时发表重要文章，详细解释了 p-n 结原理，并建立了二极管方程。这为半导体器件，同时也为太阳电池建立了基础理论。1954 年，美国 Bell 实验室 D. M. Chapin，C. S. Fuller 及 G. L. Pearson，以 n 型硅片为衬底，通过热扩散工艺制备出结深约为 $2.54\mu m$ 的 p-n 结，报道 4.5% 效率的单晶硅太阳电池的研究结果，几个月后器件效率达到 6%。1958 年，单晶硅太阳电池被应用在美国航天卫星先锋 I 上作为无线电台的电源，同年发射的探索者 III、先锋 II 都使用了太阳电池，此后太阳电池被广泛应用于各种航天器上直到现在。1959 年，美国 Hoffman 电子公司实现可商业化单晶硅电池效率达到 10%，次年达到 14%。1961 年，美国贝尔实验室科学家 W. Shockley 与 H. Queisser 发表了精细平衡理论制约的太阳电池效率上限文章，为太阳电池的效率提升奠定了理论基础。1963 年，日本夏普公司成功生产出实用的晶体硅光伏组件。1970 年，E. Berman 博士在 Exxon 公司的协助下设计出一款低成本太阳电池，其成本由每瓦 100 美元下降到 20 美元，使得太阳电池能广泛地应用于众多电网无法到达的区域。1985 年，新南威尔士大学研究人员实现晶体硅太阳电池转换效率 20% 的纪录，并且于 1997 年，又实现小面积电池 25% 的实验室纪录。1999 年，全球光伏累计安装量达到 1000MW。自 21 世纪初以来，世界上光伏系统装机容量一直以每年超过 30% 的速度高速增长，光伏产业已经成为 21 世纪新能源产业板块中最受关注的行业之一。

晶体硅光伏产业链主要包括高纯多晶硅原料、硅锭与硅片、太阳电池、光伏组件等四个主要环节。除了多晶硅原料生产，其他的中下游环节基本不存在污染排放。目前，国际上多晶硅主要是采用"改良西门子法"生产，其副产物比例最大的是具有腐蚀性的 $SiCl_4$ 液体，依靠目前的多晶硅技术生产条件，每生产 1kg 多晶硅就要产生 10 倍左右的 $SiCl_4$。对此，可采用冷氢化技术将 $SiCl_4$ 转化为多晶硅的原料 $SiHCl_3$，从而可实现多晶硅闭环生产，最大限度地减少污染排放。最

终不可转换的 $SiCl_4$ 也可以作为光纤的原料，或者可以制成白炭黑，也是重要的化工原料。近年来国内主要厂家已纷纷开展冷氢化改造，取得良好的经济效益。

晶体硅太阳电池是最早被开发与应用的。最初，晶体硅太阳电池的成本很高，是常规电力的数十倍以上，仅用于人造卫星和航天器上。20 世纪 50 年代以后，几乎所有的人造卫星、航天飞机空间站等太空飞行器，都是利用太阳电池作为主要电源。航天事业的发展，极大地促进了太阳电池材料、器件技术以及生产设备的进步和产业发展。1973 年，世界发生了以石油为代表的"能源危机"，从此人们认识到常规能源不可持续性的危机，加之人们对环境保护意识的提高，各国政府开始大力开展新能源，特别是太阳能光伏技术的研究、生产开发和应用。从那时起，太阳电池在一些小型电源、远程通信等领域得到了广泛应用，如灯塔、微波站等野外工作台站的供电，海岛、沙漠等边远地区的生活用电。20 世纪 90 年代，由于太阳电池成本的不断降低，太阳电池实行并网发电，建立大型太阳能光伏电站已经成为可能，并且在全世界范围内迅速发展起来。20 世纪 90 年代后，西方发达国家政府纷纷推出太阳能发电的计划，如美国的太阳能"百万屋顶计划"、德国的"十万屋顶"计划，日本、意大利、瑞士、西班牙等国也纷纷制定出开发应用太阳电池的发展规划。

1.2.2 国内发展历程

我国 1958 年开始太阳电池的研究，最早的研究主要在中国科学院半导体研究所与天津电源技术研究所。1971 年，首次将太阳电池应用于我国发射的第二颗卫星上，1973 年开始地面应用。1979 年，开始用半导体工业的次品硅生产单晶硅太阳电池，但由于受到价格和产量的限制，光伏市场发展很缓慢，除了作为卫星电源，在地面上太阳电池仅用于小功率电源系统，如航标灯、铁路信号系统、高山气象站的仪器用电、电围栏、黑光灯、直流日光灯等，功率一般在几瓦到几十瓦之间。1980—1990 年期间，我国开始引进国外太阳电池关键设备、成套生产线和技术，先后建成五家生产企业，分别是秦皇岛华美太阳能、云南半导体、宁波太阳能、开封半导体及深圳大明公司等。到 20 世纪 80 年代后期，我国太阳电池生产能力达到 4.5MW/年。1999 年，国家计委批准了"3 兆瓦多晶硅太阳能示范工程"项目，陆续引进了多晶硅铸锭、多线切割硅片到太阳电池制造等生产技术，初步形成了我国太阳电池产业。

2002 年，国家有关部委启动了"西部省区无电乡通电计划"，通过光伏和小型风力发电解决西部七省区无电乡的用电问题。这一项目的启动进一步促进了国内光伏产业发展，太阳电池的年生产量迅速增加。2004 年，我国太阳电池产量超过印度，年产量达到 50MW 以上。2006 年，中国光伏电池产量 370MW，同比增长 153.95%，我国成为世界重要的光伏工业基地之一，初步形成一个以光伏工业为源头的高科技光伏产业链，已超过美国，成为世界第三大生产国。2008 年，北京奥运会建成 50～150kW 的光伏发电系统，2010 年，上海世界博览会已在规划总量达 10MW 的城市光伏发电系统，还有旨在解决几千万边远地区居民无电缺电问题的国家光明工程、家用太阳能光伏电源系统、乡村太阳能光伏电站、青藏铁路工程光伏电源系统、西气东输工程阴极保护光伏电源系统、通信用光伏电源系统等。

2009 年是我国光伏产业发展具有重要意义的一年，上半年国家住房建设部率先推出"光电建筑"项目，拉开了我国光伏发电在城市规模化应用的序幕。紧接着在下半年九月份，国家财政部、科技部、国家能源局联合发布了《关于实施金太阳示范工程的通知》(以下简称"金太阳")，决定综合采取财政补助、科技支持和市场拉动方式，加快国内光伏发电的产业化和规模化发展。三部委计划 2～3 年内，采取财政补助方式支持不低于 500MW 的光伏发电示范项目，国家将为此投入约 100 亿元财政资金。此后，"金太阳"从 2009 年到 2012 年实施四年间历年的规模分别为 642MW、272MW、600MW 和 1709MW。"金太阳"工程被称为史上最强的光伏扶持政策，在中国光伏发展史上具有里程碑式的意义，它开启了中国光伏应用飞速发展的大门，也一定程度上帮助中国光伏产业渡过了由于国际金融危机、国外"双反"政策带来的难关。自 2013 年开始，国家发改委推出类似于德国的电价补贴的方式对光伏产业进行扶持，从此，以出口为主的我国光伏产业格局开始转变，即国外、国内并重发展，我国光伏应用市场开始进入快速发展的新阶段。

我国光伏产业在 21 世纪初开始高速发展，目前从研发、生产制造到应用，我国的光伏产业发展都走在世界的前列。如图 1-2 所示，2010 年到 2017 年，全球新增装机量从 17.5GW 提高到 102GW，其中，美国 10.6GW、日本 7GW、印度 9.6GW 以及欧洲 8.61GW。而我国从 1GW 增加到 53GW，连续五年稳居世界第一。2017 年，全球光伏市场发展迅速，同比增长超过 37%，累计容量达到 405GW。

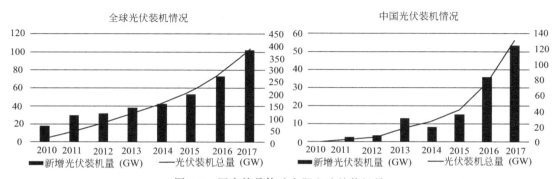

图 1-2　国内外晶体硅太阳电池的装机量

(数据来源于王勃华 2018 年 SNEC 会议报告)

1.3　晶体硅太阳电池

1.3.1　单晶硅电池

到目前为止，太阳电池工业基本上是建立在硅材料的基础之上，资源也很丰富。世界上绝大多数的太阳电池都是用晶体硅制造的，其中单晶硅片是最早被研究和应用的，至今它仍是太阳电池的主要材料之一，主要制备 p-n 同质结太阳电池。所谓单晶硅片就是整个硅片是一个晶粒，所有原子都呈整齐排列的状态，因此单晶硅片的晶体结构非常完整，这种硅片的内部晶体缺陷很少，材料纯度很高。这也是单晶硅电池能够获得高效率的最主要原因。单晶硅片颜色均匀一致，呈铁青色，这是由于整个硅片就是同一个晶面，对光的吸收、反射的性能是相同的，因此色泽一致。

单晶硅片是从圆柱形硅棒上切下的，将硅片四周切掉一些，为了尽量利用材料，只留四个小圆边，即成为准方形。此外，为了能够最大限度地吸收光线与保证一定的机械强度，硅片厚度一般在 $200\mu m$ 左右。温度为 300K 时，晶体硅的带隙宽度为 $E_g = 1.12eV$，而光电转换的光波利用上限为 1100nm，改变其掺杂浓度和温度会对带隙宽度产生影响。晶体硅太阳电池的短路电流密度与光照强度成正比关系，一般在 $30 \sim 40mA/cm^2$，而开路电压一般为 $0.6 \sim 0.7V$。太阳电池的面积和光照强度越大则短路电流越大，但开路电压变化很小（开路电压与光强呈对数关系）。太阳电池的输出电流还受到晶体硅的纯度与晶体缺陷密度及外界条件的影响，内部缺陷越少则输出电流越大，因此要求硅片应具有低晶体缺陷和杂质含量。外界条件主要是指气候因素、环境温度、阳光遮挡、空气质量及污染程度等情况。从材料的丰度、工艺与效率多方面来看，晶体硅是制备太阳电池非常适合的材料。但是，晶体硅是间接带隙半导体材料，所需材料的厚度较大。按照 W. Shockley 与 H. Queisser 精细平衡理论，晶体硅电池的光电转换效率的理论上限不到 30%。

在生产过程中，单晶硅片的表面要通过化学处理形成局域陷光效果的绒面结构，一般是选用 [100] 晶体取向的单晶硅片，这样可以得到金字塔结构，可以达到减少入射光线反射的效果。此外，还需要加上减反射膜，所得到的单晶硅电池的表面形貌均匀一致。如图 1-3 所示为单晶硅 PERC（passivated emitter and rear cell）电池和多晶硅 PERC 电池的正面与背面结构，所采用的减反射膜是氮化硅薄膜，由于干涉作用，晶体硅电池的表面都呈现深蓝色。

目前实验室中单晶硅太阳电池的转换效率已达到 26.6%；而在实际生产线中，常规铝背场（Al-BSF）晶硅电池效率为 20.0% $\sim$ 20.5%，高效太阳电池（如 PERC 电池等）的转换效率已超过 22%。

(a) 单晶硅PERC电池正面与背面结构

(b) 多晶硅PERC电池正面与背面结构

图 1-3 PERC 电池正面与背面结构

1.3.2 多晶硅电池

自 20 世纪 70 年代铸造多晶硅（定向生长多晶硅）发明和应用以来，到 80 年代末期它仅占太阳电池材料的 10% 左右，在 90 年代得到迅速发展，1996 年底已占整个太阳电池材料的 36% 左右，2001 年接近 50%。它以相对低成本、高效率的优势不断挤占单晶硅的市场，成为最有竞争力的太阳电池材料，近几年多晶硅电池市场占有率保持在 70% 左右。到目前为止，铸造多晶硅的晶锭质量已经达到 800kg，常规多晶硅太阳电池的尺寸多为 156mm×156mm，在商业生产中，其转换效率一般为 19% 以上。

多晶硅片成功用于太阳电池的制作，是光伏技术的一个重要的技术突破。多晶硅片是由许多个晶体取向不同的硅晶粒所构成的。多晶硅片的主要缺陷是晶界，晶界的原子排列是不规则的，即存在很多悬挂键。由于可以吸附电子，晶界是可以引起载流子相互抵消的复合中心，会对太阳电池的电学性能有很大的负面影响。多晶硅片之所以能够用于太阳电池的制作，主要是在硅结晶过程中实现了柱状晶生长。这样可以使得多晶硅的晶界贯穿于硅片的上下表面，那么就可以通过钝化薄膜工艺将晶界的影响降到最低。

与单晶硅的直拉法生产方式不同，多晶硅主要采用浇铸工艺。所生产的多晶硅片呈标准的正方形，可以得到最高的平面填充率。这对光伏组件产品来说，可以弥补多晶硅太阳电池效率略低的弱点。多晶硅太阳电池从外观看来，由于晶粒大小不一、晶向不同，所对应的晶面对光的吸收、反射性能不同，因此多晶硅片表面的明暗有别，色彩是不均匀的，而且可明显看到晶界。可以理解的是，在硅锭中处于同一位置切出来的硅片，表面外观形状是完全相同的，可称为姐妹片。通过特殊表面处理技术，不仅可将多晶硅片表面绒面化降低其光的反射率，而且可以让表面颜色趋于一致，看起来非常接近单晶硅片。

总体上，多晶硅太阳电池与单晶硅太阳电池的生产工艺基本相同。两种太阳电池生产工艺的最大区别主要在于制绒工艺。单晶体硅采用碱制绒工艺，多晶体硅则采用酸制绒工艺。多晶硅具有晶界这样的晶体缺陷，导致多晶硅太阳电池效率略低于单晶硅太阳电池。多晶体硅锭的制作工艺相比单晶体硅棒简单得多，工艺要求也相对较低，一般采用浇铸的方式制得多晶体硅锭。制备多晶体硅片的成本比单晶体硅片低得多，所以目前市场上多晶硅太阳电池的产量是最大的。

曾经有些生产企业通过改进多晶体硅浇铸工艺，可以用单晶籽晶在多晶体硅锭的设备上制备具有大单晶颗粒的硅锭，所得到的硅片称为类单晶硅片，一度受到行业关注。但是，因为硅锭边角部分硅片质量太差，导致所制取的电池效率低而且效率分布宽，以及色差严重等，没有能够得到推广。现在多采用半熔生长工艺，形成小晶粒多晶硅片，这样得到的硅锭晶粒尺寸大小在数个毫米量级，分布均匀，所制备类单晶 PERC 电池的平均效率可以达到 20％以上。

1.3.3　硅带电池

无论是单晶硅还是多晶硅电池，其硅片生产过程中都存在 15％～50％的硅料切割损耗，造成高纯半导体材料浪费，并加大废料处理负担，直接增加了太阳电池的生产成本。因此，为了进一步降低晶体硅太阳电池的成本，多年来各种直接生产硅片技术得到研发与尝试。其中历史上最有代表性的是德国 Schott Solar 的 EFG（edge-defined film-fed growth）与美国 Everygreen 硅片制备技术。EFG 是唯一投入规模化生产的硅带工艺，自 20 世纪 90 年代就在德国开始得到应用。这种工艺的特点是直接从熔融的硅液中拉制出硅带构成八角柱状结构，然后通过激光切割即可得到所需尺寸的硅片。这样制作的硅片厚度在 $200\sim350\mu m$，仅仅需要将大块带状硅片切割成合适大小，就可以直接用于制造太阳电池。省去了从硅锭切割成硅片的过程，大大降低了材料生产成本。但是，由于带状晶体硅工艺本身的原因，晶体缺陷和杂质比较多，并且表面平整度不高，给后续工艺和电池效率带来了负面影响，因此，如何提高硅带质量是硅带工艺面临的最大挑战。德国 RWE Solar 以及后来接盘的 Schott Solar 曾经实现了 EFG 电池的产业化生产，而且也进入了我国市场，但由于相比单晶硅，多晶硅电池在性能和成本上不占优势，已经停产了。图1-4所示为沈辉博士从德国引进到中国科学院广州能源所的颗粒硅带制备系统，所承担的科研项目研制的小面积电池效率在10%左右。EFG电池已经成为历史，不过人们在慕尼黑的德意志博物馆的太阳能技术展台还可以看到它的身影。

图1-4　颗粒硅带制备系统

此后，美国Everygreen公司也在硅带技术方面进行了大量研发，成功开发了一种技术，可以直接拉制出两条可以达到2m长的硅带，同样也可切成所需尺寸的硅片。为了能够尽快打开市场，2007年，美国Everygreen将工厂从美国迁到武汉，但也没有获得成功。最近，美国1366公司继续推进此技术，电池效率最高达到了19.6%，究竟能否得到认可，最终需要通过市场检测。

1.3.4 典型的高效晶体硅电池

经过数十年研究开发，目前在市场上推广的高效晶体硅电池主要是 PERC、IBC、HIT 等。其中早期的技术原创主要来源于澳大利亚新南威尔士光伏研究中心、德国夫朗霍费（Fraunhofer）ISE 以及美国和日本的相关研究机构及企业。但是，近些年我国企业加大在研发方面的投入，也在电池材料、电池工艺及装备上取得了长足的进步。近年来天合光能股份有限公司（简称"天合光能"）在高效晶体硅电池与组件研发过程中创造了数十项世界纪录，从而奠定了我国在晶体硅电池技术发展的国际领先地位。

在高效电池发展过程中，PERC 电池是继选择性发射极（selective emitter，SE）电池之后成为的重点关注技术，主要是采取先进的背钝化工艺，特别是 Al_2O_3 薄膜的成功应用，使得晶体硅电池量产效率可以达到21%～23%。此外，PERC 电池技术可以很好地与现有产线兼容，可以在较低成本的条件下，实现晶体硅电池产品升级。因此，PERC 电池已经成为主流的产品技术。

最早得到量产的高效电池是 IBC（interdigitated back contact）电池与 HIT（heterojunction with intrinsic thin-layer）电池。IBC 电池是美国 Sunpower 公司实现量产的一种高效率产品，为了降低成本，Sunpower 公司多年前就将主要生产基地建在菲律宾等地，现有产量达到 2GW 以上。由于价格较高，目前 IBC 电池主要用于高端应用场所，如瑞士动力 2 号飞机、太阳能赛车、太阳能游艇等。天合光能多次刷新大面积 IBC 电池效率的世界纪录，并实现了 IBC 电池的中试生产。使用天合光能制造的 IBC 电池制作的太阳电池赛车在"OSU-Model S"比赛中多年荣膺冠军。

HIT 电池是日本 Sanyo（三洋）公司成功开发并实现量产的一款高效晶体硅电池，该电池采用了本征氢化非晶硅（a-Si：H）薄膜对硅片表面提供极佳的钝化。目前 Sanyo 电子（包括电池部门）已经被 Panasonic（松下）公司收购。2017 年 8 月，采用 IBC 结构，日本 Kaneka 公司在实用尺寸（180cm²）晶体硅太阳电池上实现了世界最高转换效率 26.63%，该效率纪录获得夫朗霍费太阳能系统研究所的认证。松下公司加大了研发投入力度，目前产能达到 1GW 以上，主要是在日本生产，对外仅仅供应组件产品。这种电池的温度系数较低（0.29%/℃），适合在高温地区使用。此外，这种电池可以制成双面电池，也很适合 BIPV 等建筑场所。我国"863"项目给予了支持，国内有多家公司也开展了研发，但至今还没有实现 GW 级量产。2015 年，山西晋能集团有限公司宣布投巨资发展 HIT 产品，计划产能为 2GW。此外，汉能、钧石、通威等企业也先后策划异质结太阳电池生产，其中钧石在 500MW 生产线的基础上，正在向 GW 级规模发展。

目前来看，高效晶体硅电池的发展路径有多种选择，但是 PERC、IBC、HIT 还是主要类型，主要问题是如何进一步降低生产成本。对这几种电池的结构与特点将在第 9 章进一步介绍。

1.4　硅基薄膜太阳电池

硅基薄膜材料是晶体硅（纳米晶、微晶、多晶）和非晶硅薄膜的统称。硅基薄膜太阳电池主要有非晶硅（a-Si）薄膜太阳电池、微晶硅（μc-Si）薄膜太阳电池、纳米硅（nc-Si）薄膜太阳电池以及由它们相互组成的叠层电池。硅基薄膜太阳电池具有耗材少、能耗低、便于大面积连续生产等低成本优势和资源优势。通过多结叠层结构设计和在材料、工艺技术等方面的不断创新，硅基薄膜太阳电池的转换效率还有较大的提升空间。硅基薄膜电池效率较低和性能衰减问题是其大规模应用的主要障碍。

1.4.1 非晶硅薄膜电池

非晶硅薄膜（amorphous silicon，a-Si：H）是采用溅射或化学气相沉积方式，在玻璃、陶瓷、塑胶或不锈钢基板上所沉积的一种薄膜。非晶硅电池具有轻薄、柔性、可卷曲、抗辐射等优点，可应用于便携式电源及建筑领域。非晶硅电池中非晶硅薄膜的厚度是晶体硅电池的 1/300，在降低原材料成本方面具有巨大的优势。图1-5 为非晶硅组件在建筑上的应用。

图 1-5　硅基薄膜柔性组件在建筑物上的应用

非晶硅电池效率在最初几百个小时的辐照过程中会发生显著衰退。这种现象来源于在电池中所采用的氢化非晶硅以及相关材料的光诱导变化，即"Staebler-Wronski"（S-W）效应。United Solar Systems 公司制作的单结电池和三结电池组件经过约 1000h 后，单结电池损失了初始效率的 30%，三结电池组件损失了初始效率的 15%。因此国际上规定，50℃时在标准太阳辐照强度下照射 1000h 后的非晶硅电池效率为稳定效率，非晶硅电池产品销售时按稳定功率计算。中山大学太阳能系统研究所实测六种不同类型的太阳电池发电量，与单晶硅和多晶硅太阳电池组件发电量进行对比。其中，非晶硅薄膜（a-Si：H）太阳电池在初期使用过程中，其发电比晶体硅电池在同样标称功率的情况下，多发电 10%～30%。这是由于非晶硅太阳电池产品和晶体硅太阳电池相比，在较高温度和低辐射条件下，具有更加稳定的功率输出，使得这种产品在温暖炎热的天气环境下更加具有竞争力，如图 1-6 所示。但在长期使用过程中，非晶硅太阳电池存在着明显的衰减，而 HIT 太阳电池因其采用的是 n-Si，且其非晶硅薄膜厚度仅为 5～15nm，所以在实际户外发电过程中，具有相对稳定的发电性能，未出现明显的衰减。

1.4.2 多晶硅薄膜电池

多晶硅薄膜电池既具有晶体硅电池的高效、稳定、无毒和资源丰富的优势，又具有薄膜电池工艺简单、节省材料、大幅度降低成本的优点，因此多晶硅薄膜电池的研究开发成为近年的热点。

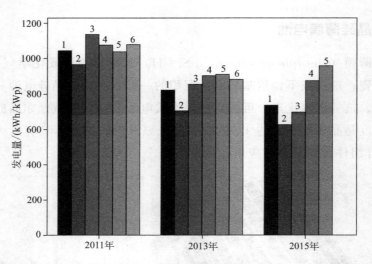

图 1-6　中山大学太阳能系统研究所实测六种不同类型的太阳电池发电量，
与单晶硅和多晶硅太阳电池组件发电量进行对比

1—p-Si；2—m-Si；3—a-Si；4—CIGS；5—HIT；6—CdTe

　　通常的晶体硅太阳电池是在厚度 $200\mu m$ 的高质量硅片上制成的，这种硅片由提拉或浇铸的硅锭锯割而成，约有一半的硅料在切割过程中损失。为了节省材料，20 世纪 70 年代中期人们就开始在廉价衬底上沉积多晶硅薄膜，但由于生长的硅膜晶粒太小，未能制成有价值的太阳电池。为了获得大尺寸晶粒的薄膜，人们提出了很多方法。一种有效的办法是先用低压化学气相沉积（LPCVD）或等离子增强化学气相沉积（PECVD）在衬底上沉积一层较薄的非晶硅层，将这层非晶硅层退火以得到较大的晶粒，然后再在这层籽晶上沉积厚的多晶硅薄膜。因此，再结晶技术无疑是很重要的一个环节，目前采用的技术主要有固相结晶法和区熔再结晶法。多晶硅薄膜电池所使用的硅远较单晶硅少，又无效率衰退问题，并且有可能在廉价衬底材料上制备，其成本远低于单晶硅电池，而效率高于非晶硅薄膜电池。多晶硅薄膜电池的主要技术问题是退火结晶工艺尚不成熟，在晶粒均匀性、晶体缺陷及退火成本等方面尚不具备市场竞争力，需要进一步的研发。

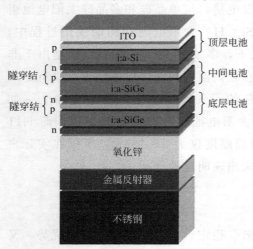

图 1-7　多结非晶硅太阳电池结构
与光谱响应

1.4.3　硅基叠层太阳电池

　　如图 1-7 所示，非晶硅太阳电池可以制作成叠层结构来构成多结太阳电池。这种电池结构不需要考虑晶体异质结所需要的晶格匹配，而且可以通过合金化方法对带隙进行调节。多结非晶硅太阳电池比单结电池具有更高的光电转换效率。

多结非晶硅太阳电池的设计理念是"分光谱"，每个太阳电池分别针对不同波段的太阳光能量进行吸收，在顶层结中吸收的光子不会再到达第二个底电池。通过调节顶部 pin 结的厚度使其能过滤掉大约一半的光子，否则这些光子将在底部 pin 结中被吸收。500nm 厚度的 a-Si:H 基本上可以完全吸收能量大于 2eV 的光子，剩余通过的光子具有更小的能量。由于在顶部 pin 结中吸收的光子具有相对较大的能量，可采用相对带隙较大的材料作为该结的吸收层，这样可以由顶电池得到比底电池更大的开压。

1.5　化合物半导体太阳电池

目前，光伏市场占主导地位的仍然是单晶硅与多晶硅电池。迄今为止，这类产品在大型地面与屋顶电站得到了最大规模的应用。非晶硅电池主要在光伏建筑以及消费类电子电器产品方面得到了较多的应用。为了满足更多的市场需求，特别是为了发展轻质、高效产品，人们不断地研制其他材料的薄膜太阳电池。就目前产量与技术成熟度而言，这类薄膜电池还无法与晶体硅太阳电池相比，但是一直在发展与进步当中。目前已经实现产业化的主要包括碲化镉、铜铟镓硒、砷化镓等化合物半导体薄膜太阳电池等，下面分别对这些电池的发展现状作简单介绍。

1.5.1　碲化镉薄膜太阳电池

根据太阳表面温度为 6000K，电池温度为 300K，仅考虑辐射复合，W. Shockley 提出了太阳电池理论光电转换效率与光学带隙（E_g）的物理模型，其中 CdTe 属于 Ⅱ-Ⅵ族化合物半导体，其带隙为 1.45eV，$X_g = 1.45/0.518 = 2.79$。根据图 1-8，可以得到最高的转换效率，约为 31%～32%。因此，CdTe 是一种具有最高转换效率潜力的太阳电池材料。由于 CdTe 为直接带隙材料，具有很高的光吸收系数（$>5×10^5 cm^{-1}$），仅 $2μm$ 厚的 CdTe 薄膜就可足够吸收 99% 的太阳光，只要达到微米量级的少子扩散长度，光生载流子就能够被有效地收集，这就可大幅降低对材料质量的要求。此外，CdTe 和 CuInGaSe$_2$ 等其他 Ⅱ-Ⅵ族多晶层的晶界电活性较低，这对于电池性能来说非常重要。

最早实现产业化的是德国 Antec 公司，所生产的组件效率达到 7.3%，面积为 6633cm^2，功率达到 52.3 W，但是后来没有得到进一步发展。目前独家垄断性生产企业是美国 First Solar 公司，产量达到 3GW 以上。随着技术不断发展，碲化镉薄膜电池的实验室转换效率已经与多晶硅太阳电池相当。2015 年，美国 First Solar 产业化转换效率达到 18.6%，也与多晶硅电池不相上下。2016 年，美国国家可再

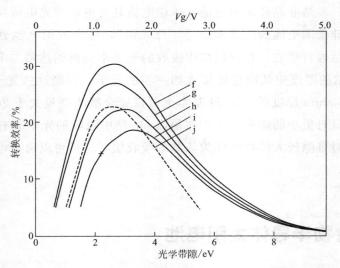

图 1-8　W. Shockley 提出的太阳电池理论光电转换效率与光学带隙（E_g）的

关系（$X_g = E_g/0.518$）

f～j 对应于不同辐射复合占总复合的百分比及光子数转变为电子空穴对的百分比，

其中 f 为电池只有辐射复合及光子数转变为电子空穴对百分比为 100%

生能源实验室（NREL）认证，美国 First Solar 公司碲化镉薄膜太阳电池实验室转换效率达到了 22.1%，创下新的世界纪录。与 CIGS 及非晶硅/微晶硅薄膜太阳电池组件薄膜相比，实现量产的碲化镉电池组件效率是最高的。

　　杭州龙焱公司率先在国内实现 CdTe 电池产业化，目前规模达到 30MW，光伏组件经过中国计量科学研究院的测试和认证，效率超过了 13%，进入了世界先进水平的行列，这意味着更低的投资成本和更高的发电效益。龙焱光伏产品门类较多，有彩色的，有透光型的，可以应用于多种场合。虽然 CdTe 电池效率还无法与晶体硅电池相比，但是这种电池的弱光性能较好，很适合在高温地区应用。此外，这类电池的性能稳定，在光伏建筑、农业大棚等也有很好的应用市场。

1.5.2　铜铟镓硒（CuInGaSe₂）薄膜太阳电池

　　CuInGaSe₂（CIGS）是一种Ⅰ-Ⅲ-Ⅵ族四元化合物半导体材料，可见光的吸收系数非常高，是制作薄膜太阳电池的优良材料。目前商业化的制作工艺，主要采用 Shell Solar（SSI）研发出的系列真空镀膜技术，但设备投资与制造成本很高。而实验室研发常用的同步蒸镀制作工艺，难以实现规模化生产，商业化的可行性较低。ISET 开发非真空技术，尝试利用纳米技术，以类似油墨制作工艺来制造 CIGS 太阳电池，已获初步成功。美国 NERL 也成功研发了一种三步骤制作工艺，在实验室获得成功，生产出具有光电转换效率 19.2% 的太阳电池。但制作工艺相当复杂，成本高。总体来说，CIGS 薄膜太阳电池具有能量转换效率高、吸收范围大及照射强度与角度弹性较大、柔性、容易大面积化、原料成本消耗低等特点。

CIGS 太阳电池最早产业化的是德国 Würth Solar 与日本 Solar Frontier，其中 Solar Frontier 的前身为壳牌昭和公司。汉能公司共收购三家 CIGS 电池企业，即德国 Solibro、美国 Miasolen 和 Global Solar。Solibro 公司采用共蒸发工艺，在玻璃衬底上生产太阳电池，并且取得德国 Fraunhofer ISE 认证，在 $1cm^2$ 的 CIGS 太阳电池上，其光电转换效率达到 21%。汉能的 Solibro Hi-Tech GmbH 组件面积为 $0.94m^2$，输出功率达到 159.4W，转换效率达到了 16.97%，刷新了 2017 年的世界纪录。截至 2018 年，汉能薄膜电池年产能已经达到约 1.8GW。

1.5.3 砷化镓太阳电池

砷化镓（GaAs）是一种 III-V 化合物半导体，GaAs 太阳电池具有高转换效率和高的抗辐射性能，对于太空应用来说，是理想的电池材料。这类材料的制备需要使用有机化学气相沉积（MOCVD）或分子束外延（MBE）等昂贵设备与复杂工艺，因此生产成本极高，所以仅用于空间太阳电池及地面高倍聚光组件上。1998 年，德国 Fraunhofer ISE 制造的 GaAs 太阳电池转换效率为 24.2%，该研究所还采用叠层结构制备 GaAs、GaSb 电池，该电池是将两个独立的电池堆叠在一起，GaAs 作为上电池，下电池用的是 GaSb，所得到的电池效率达到 31.1%。

我国主要有厦门三安与中山瑞德兴阳实现产业化，主要是生产三结聚光电池组件，具有自主知识产权的 4in（1in=25.4mm）三结砷化镓聚光太阳电池外延片与芯片，电池平均效率大于 40%（500 倍聚光条件下），可根据用户需求定制不同的结构与不同的电池尺寸。目前正在研发的四结砷化镓聚光太阳电池，预计电池平均效率大于 45%（500 倍聚光条件下），主要应用于聚光光伏电站。汉能收购的美国公司 Alta Devices 的双结电池效率 31.6%，为当时的世界纪录。2018 年 7 月，根据美国国家可再生能源实验室（National Renewable Energy Laboratory）认证，汉能 Alta 高端装备集团的 GaAs 薄膜单结电池转化效率达到 28.9%，再次刷新世界纪录。

1.6 新型太阳电池研发进展

2009 年，日本横滨大学宫坂团队（Toin University of Yokohama）首先将液态 $CH_3NH_3PbI_3$ 钙钛矿材料用于染料敏化太阳电池结构，实现了 3.8% 转换效率。此后，钙钛矿（perovskite）太阳电池材料与器件都成为研究热点，不断刷新效率纪录。钙钛矿材料的吸光系数很大，只需要数百纳米的厚度，就可将利用的波段基本吸收。这种材料储量丰富，生产成本低。因此，钙钛矿电池被视为具有产业前景的高效率、低成本太阳电池。然而，这种材料遇水（水汽）易失效，持续光照或高温下其晶体结构易发生变化，它的不稳定性成为产业化最大的阻碍。由于众多研究机构投入，钛矿太阳电池的效率提升速度很快。2012 年，M Liu 团队发表了 10.9% 效率的固态钙钛矿电池。2013 年，效率达到 15%，2014 年初，效率达到 17.9%，2014 年 11 月就实现了 20.1% 的转换效率，成为目前的世界纪录。2018 年 7 月，中国科学院半导体研究所游经碧研究员领导的研究小组，报道了 23.3% 的钙钛矿电池效率，被美国国家可再生能源实验室（NREL）收录进电池效率纪录表。目前，作为电池的关键部分，钙钛矿材料的优质制备，衰减问题的改善，都受到了特别关注。器件的整体优化、性能提升、应用扩展等方面也得到了重视。全球对钙钛矿的研究依然处于高涨的情绪中，希望在效率上、材料的稳定性上能有更大的突破。

尽管晶体硅电池的优越性很明显，但是在生产中还是存在一些问题，如扩散过程需要高温，所用的掺杂剂往往也有毒性。最近几年无需掺杂的晶体硅太阳电池结构引起关注，如美国、德国及瑞士等一些研究机构，分别或联合研制了一种金属氧化薄膜作为发射结的电池结构。电池具体制备流程是，首选在 n 型单晶硅上沉积纳米级的 MoO_3 薄膜，然后还要沉积一层 TCO，以及制作上、下电极。工艺流程相对简单，已实现的最高效率达到 22% 以上。

与此不同的是，中山大学太阳能系统研究所在国际上首次提出多层薄膜材料（multilayer back contact，MLBC）太阳电池的结构及概念，采用热蒸发工艺制备 $V_2O_x/metal/V_2O_x$ 多层膜结构作为空穴选择性接触，实现低温、免掺杂 MLBC 太阳电池的制备。提出了两种新的电池结构形式与制备方法：一是前结电池，制备出的面积 20mm×20mm，目前电池效率达到 15% 以上；二是背接触结构，制备出的面积 20mm×20mm，最高电池效率达到 22.4% 以上，V_{oc} 达到了 718mV。这种结构的太阳电池，其最高理论转换效率也是 30% 左右，关键是界面钝化问题。此外，这种电池的稳定性与产业化可行性都需要加大研究，才能做出可靠的判断。

在钙钛矿/晶体硅叠层电池研究方面，2018 年，瑞士洛桑联邦理工大学（EP-FL）和瑞士电子与微技术中心（CSEM）的研究人员，解决了在制绒硅片表面沉积钙钛矿太阳电池的难题，所制备出的钙钛矿/晶体硅叠层太阳电池，转换效率达到 25.2%，成为钙钛矿/晶体硅两端叠层太阳电池的全新世界纪录。同年，PV maga-zine 杂志报道牛津光伏（Oxford PV）制备的二端（隧道结连接）钙钛矿/晶体硅叠层电池的转换效率达到 28%，打破了该公司之前创造的 27.3%（面积 1cm²）的效率纪录，这一新的世界效率纪录也得到了美国国家可再生能源实验室的认证。

复习思考题

1. 简述太阳辐射的产生与特点。
2. 简单解释太阳常数的定义。

3. 请说明何为光伏效应？

4. 简述太阳电池发展历史。

5. 简述太阳电池发电特点。

6. 单晶硅电池与多晶硅电池有哪些异同？

7. 太阳电池分类主要有哪些？

8. 高效晶体硅电池有哪些类型？请简单说明其特点。

9. 非晶硅薄膜电池的特点如何？请简单说明。

10. 其他类型薄膜电池有哪些？请简单说明。

参考文献

[1] https://www.pveducation.org.

[2] Becquerel A E，Compt. Rendus De L' Academie Des Science 9. 1839，S，561.

[3] Guarnieri M. More Light on Information［Historical］. IEEE Industrial Electronics Magazine，2015，9（4）：58-61.

[4] Shockley W，Bell Syst. Tech. Journ. 28，S. 435，1949.

[5] Chapin D M，Fuller C S，Pearson G L. A new silicon p-n junction photocell for converting solar radiation into electrical power. Journal of Applied Physics，1954，25（5）：676-677.

[6] William S，Hans Q. Detailed balance limit of efficiency of p-n junction solar cells，F，1961.

[7] Zhao J，Wang A，Green M A. 24.5% efficiency silicon PERT cells on MCz substrates and 24.7% efficiency PERL cells on FZ substrates. Progress in Photovoltaics，1999，7（6）：471-4.

[8] Polman A，Knight M，Garnett E C，et al. Photovoltaic materials：present efficiencies and future challenges. Science，2016，352（6283）：aad4424.

[9] Jonas Geissbühler，Jérémie Werner，et al. 22.5% efficient silicon heterojunction solar cell with molybdenum oxide hole collector. Applied Physics Letters，2015，107，081601，2015.

[10] Sahli Florent，et al. Fully textured monolithic perovskite/silicon tandem solar cells with 25.2% power conversion efficiency. Nature materials，2018，1.

[11] Kojima A，Teshima K，Shirai Y，Miyasaka T. Organometal halide perovskites as visible-light sensitizers for photovoltaic cells. Journal of the American Chemical Society，2009：131（17），6050-6051.

[12] Liu Mingzhen，Michael B Johnston，Henry J Snaith. Efficient planar heterojunction perovskite solar cells by vapour deposition. Nature，2013，501（7467）：395.

[13] https://www.jakson.com.

[14] Deng X. Optimization of a-SiGe based triple，tandem and single-junction solar cells. In Conference Record of the Thirty-first IEEE Photovoltaic Specialists Conference，2005：1365-1370.

第 2 章

硅片生产技术

半导体是一种极其重要的功能材料，是现代微电子、信息产业及光伏产业的发展基础。太阳电池产业主要是借助于半导体材料与制备工艺而得到发展的。事实上，太阳电池就是半导体材料加工出来的电子元器件，但不同的是，通常的半导体电子器件都是耗能的，而太阳电池却是可以提供能源的。对于晶体硅太阳电池而言，多晶硅就是最基本的材料，整个电池工艺就是围绕硅片开展的。本章首先简要介绍半导体材料的一般特点，然后重点对硅的基本性能、多晶硅与硅片的生产技术等进行介绍。

2.1 概述

根据电学性能可以将材料分为导体、半导体及绝缘体。常见的导体，如金、银、铜、铝等各种金属及合金，都是很好的导电材料；绝缘体是在常温下不容易导电的材料，常见有玻璃、橡胶、塑料等；而半导体的导电性能介于导体与绝缘体两者之间，主要有锗、硅、砷化镓、硫化镉等。材料的性能与材料的组成、结构及制备工艺密切相关，对于电学性能来说，可从材料微观结构特别是电子的分布状态来认识。任何材料都是由原子组成的，原子是由原子核及其周围的电子构成的。在常温下，原子核的外层电子有可能受到热振动的激发，一些电子将会脱离原子核的束缚，可以自由运动，通常称其为自由电子。金属之所以导电性能良好，是因为在金属体内存在大量的自由电子，在电场的作用下，这些电子能够沿着电场的相反方向流动，从而可以形成电流。一般来说，金属的电阻率都很小（$10^{-8} \sim 10^{-6} \Omega \cdot m$），而在常温下，绝缘体内仅有极少量的自由电子，因此对外导电性很弱，即绝缘体的电阻率很大（$\rho \geqslant 10^{8} \Omega \cdot m$）。

半导体材料可以是单一元素，如硅（Si）和锗（Ge）。也可以是化合物，如砷化镓（GaAs）、碲化镉（CdTe）等，还可以是合金或有机化合物。半导体的电阻率为 $10^{-5} \Omega \cdot m \leqslant \rho \leqslant 10^{7} \Omega \cdot m$，但半导体的电阻率对温度的反应很敏感。例如，锗的温度从 200℃升高到 300℃，电阻率就要降低一半左右。而金属的电阻率随温度的变化则较小。此外，半导体的电阻率受杂质的影响非常显著。金属中含有少量杂质时，电阻率变化不大。但在半导体里掺入微量的杂质时，却可以引起电阻率的很大变化。例如，在纯硅中掺入百万分之一的硼，硅的电阻率就从 $2.14 \times 10^3 \Omega \cdot m$ 减小到 $0.004 \Omega \cdot m$ 左右。与金属还明显不同的是，半导体的电阻率在适当的光线照射下也将会发生很大的变化。总体而论，半导体一般具有以下重要特性。

掺杂特性：掺入微量的杂质（简称掺杂）能显著地改变半导体的导电能力。杂质含量改变能引起载流子浓度变化，半导体材料电阻率随之发生很大变化。在同一种材料中掺入不同类型的杂质，可以得到不同导电类型的半导体材料。

温度特性：温度变化也能改变半导体材料的导电性能。半导体的导电能力随温度升高而迅速增加，金属的导电能力随温度升高而缓慢降低。半导体的电阻率具有负的温度系数，金属的电阻率具有正的温度系数。

环境特性：半导体的导电能力还会随光照而发生变化（称为光电导现象）。此外，半导体的导电能力还会随所处环境的电场、磁场、压力和气氛的作用等而变化。

无论是对于微电子还是光伏产业，硅都是最重要的半导体材料。下面主要介绍硅材料性能、多晶硅原料、晶体生长技术、硅片生产工艺以及相应的检测技术与产业标准。

2.2　硅的性能

硅元素是地球上第二丰富的元素，在地壳中含量约为 27.6%，仅次于氧元素。硅是一种半导体材料，它与碳、锗、锡等元素一起位于周期表中的Ⅳ族。自然界中不存在纯硅，它通常是以石英砂（氧化硅 SiO_2）和硅酸盐等形式存在于自然界中。硅元素是无毒的，硅的性质在常温下比较稳定，需要加热才能与卤素、氧、氮、硫等非金属单质发生化合反应。在高温熔融状态下，硅能与钙、铜、铁、镁等物质发生化合反应，生成相应的硅化物。此外，硅不溶于水，也不溶于单一的酸溶液，但可溶于氢氟酸和硝酸的混合酸。硅与氧化硅的物理与化学性能可参见表 2-1。

与其他元素半导体相比，提纯硅材料所需消耗能源的成本相对较低。由于硅可以承受高温工艺，用硅制造的半导体器件可以适用于更高的工作温度，这对于增强半导体元器件应用范围和可靠性非常重要。

用于制造太阳电池的硅，纯度至少为 6N（99.9999%），即 100 万个硅原子中，只允许 1 个杂质原子存在。用于制造集成电路（IC）器件的硅元素的纯度要求更高，需达到 9N～11N。硅材料的纯度是衡量产品质量好坏的最关键指标，一般都是通过复杂的工艺流程与技术，才能得到足够高纯度的硅材料。晶体硅太阳电池与光伏组件的产业链，涉及上游、中游和下游，包含了硅料、辅料、电池、组件和电站。

表 2-1　硅材料的基本特性

英文名	silicon	矿物密度	2.33g/cm³
晶格结构	金刚石结构	光学带隙	1.12eV
化学式	Si	原子量	28.08
颜色	灰色	熔点	1410℃
晶格常数	5.43Å	沸点	2355℃
折射率	3.42	相对介电常数	11.9

　　按照硅原子的堆积方式，用于光伏电池的硅材料可分为晶体硅与非晶硅两类。根据结晶的完整性，晶体硅又可以分为单晶硅与多晶硅，如图 2-1 所示。非晶硅材料中的原子不是周期性排列的，仅仅呈现短程有序。而晶体中的原子是周期性排列的，长程有序。单晶硅结晶完整，整块材料就是一个晶体，而多晶硅是由多个小单晶构成，含有大量晶界。非晶硅材料是 20 世纪 70 年代被开发出来的，主要是通过 CVD 工艺生产，目前主要用来生产非晶硅太阳电池。单晶硅片是制造 IC 级器件的原料，通常用于制造大功率整流器、大功率晶体管、二极管、开关器件等。单晶硅片用于太阳电池生产具有最长的发展历史，目前主要用于特殊结构的高效电池生产。多晶硅片用来生产太阳电池是一个重要的技术进步，对于降低生产成本、推广应用具有非常重要的意义。

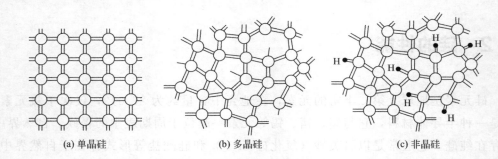

(a) 单晶硅　　　　　　　(b) 多晶硅　　　　　　　(c) 非晶硅

图 2-1　单晶硅、多晶硅、非晶硅晶体结构示意图

2.3　硅的制备

　　石英砂是硅材料的生产原料。石英砂主要是由硅与氧两种元素组成的。半导体与光伏产业所用的硅材料是高纯度的原料，起点就是从石英砂开始的。其中，从石英砂到所谓的冶金级硅（metallurgical-grade silicon，MG-Si）是相对简单的，由高纯度的石英砂粉末在电弧炉中经碳还原生成，纯度为 97%～99%，每千克需要耗电 15kW·h。图 2-2 所示为中山大学太阳能系统研究所收集的石英砂、工业硅及多晶硅料。冶金级硅材料大都用于钢铁、金属合金及化学工业，如在钢材里添加小部分的硅，就可以增加钢铁的硬度与抗腐蚀能力；在制铝材料里添加硅可以生产铝硅

合金。但是，从冶金级硅到高纯硅材料，即太阳电池用硅至太阳能级硅（solar-grade silicon，SOG-Si）或半导体器件所用的电子级硅（IC-grade silicon，ICG-Si），相应的生产过程是很复杂与漫长的，耗能也相对较大。在 21 世纪初，晶体硅电池就曾经遭遇过高纯硅材料供应短缺的问题。

(a) 石英砂　　　　　　　　(b) 工业硅　　　　　　　　(c) 多晶硅

图 2-2　石英砂、工业硅、多晶硅料

半导体材料的一个最重要的参数就是材料的纯度。一般用所含元素的质量分数来表示，如 99%，即 2 个 9（nine），通常简写为 2N。电子级硅材料要求 Si 的纯度最高，达到 9N～11N，但对用于太阳电池生产的太阳能级硅的纯度一般在 6N～9N 之间。

2.3.1　高纯硅材料生产

如上所述，生产晶体硅太阳电池所需硅片是高纯硅材料生产的，而高纯硅材料的初始材料是石英砂矿（SiO_2）。从石英砂到制造太阳电池的硅片需要经过多个生产过程，涉及不同的生产企业。图 2-3 展示了从原材料到硅片的整个生产流程。

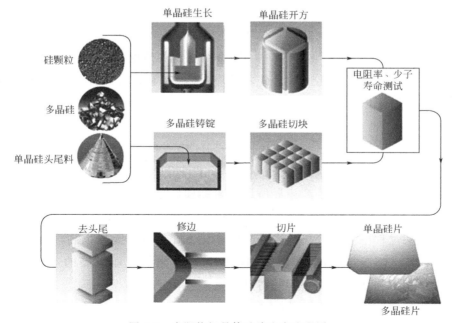

图 2-3　太阳能级晶体硅片生产流程图

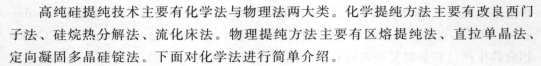

高纯硅提纯技术主要有化学法与物理法两大类。化学提纯方法主要有改良西门子法、硅烷热分解法、流化床法。物理提纯方法主要有区熔提纯法、直拉单晶法、定向凝固多晶硅锭法。下面对化学法进行简单介绍。

（1）改良西门子法

改良西门子法生产高纯硅所需要的原料是硅的氯化物，主要包括 $SiCl_4$（STC）、$SiHCl_3$（TCS）、SiH_2Cl_2（DCS）等，其中 STC 与 TCS 是液体，而 DCS 是气体。它们都属于四面体的非极性分子，其挥发性较强，可用蒸馏的方法将其分离和提纯，表 2-2 为主要硅氯化物的基本性质。

表 2-2 主要硅氯化物的基本性质

性质	SiH_2Cl_2	$SiHCl_3$	$SiCl_4$
分子量	101.0	135.4	169.9
自燃温度/K	331	488	—
闪点/K	236	245	264
熔点/K	151	146	203
沸点/K	281	305	330
临界温度/K	452	479	507.2
临界压强/kPa	4460	4050	3750
临界体积/(m^3/kmol)	0.228	0.268	0.326
临界密度/(kg/m^3)	442	505	521
临界压缩分子 Z_c	0.28	0.27	0.29
离心因子	0.1107	0.1880	0.2556

改良西门子法又称为闭环式三氯氢硅（$SiHCl_3$）还原法，主要步骤有 $SiHCl_3$（TCS）的合成、TCS 的提纯、TCS 的氢还原及反应尾气回收等。

三氯氢硅（TCS）的合成：首先将冶金级硅材料研磨成细小颗粒，将其与无水氯化氢在 350℃反应，生成三氯氢硅，反应过程如式（2-1）所示。TCS 与其他氯化物杂质的沸点不同，易被精馏提纯，且可以达到电子级纯度，是生产高纯硅的最常用原料。

$$Si+3HCl \longrightarrow SiHCl_3+H_2 \tag{2-1}$$

通常是采用西门子还原炉，在 1000℃以上将 TCS 与氢气进行还原反应，就可以得到高纯硅，也就是光伏产业界所说的多晶硅。反应过程如式（2-2）所示。

$$4SiHCl_3+2H_2 \longrightarrow 3Si+SiCl_4+8HCl \tag{2-2}$$

这个反应过程中所能产出的多晶硅的转化率比较低，能耗也高，而且大量产生副产品 $SiCl_4$，这对环境造成严重压力，也是早期光伏产业发展的制约因素之一，后来通过氢化工艺才使得这一问题得到解决。

三氯氢硅（TCS）的氢还原：这是改良西门子法中最为重要的一个步骤，可以通过以下几种化学反应方法实现：

热氢化（1000～1200℃，$SiHCl_3$ 含量 31% 左右）：

$$SiCl_4 + H_2 \longrightarrow SiHCl_3 + HCl \tag{2-3}$$

氯化［550℃，36atm（1atm＝101325Pa），$SiHCl_3$ 含量 30% 以上］：

$$2SiCl_4 + Si + H_2 + HCl \longrightarrow 3SiHCl_3 \tag{2-4}$$

氯化（550℃，20atm，$SiHCl_3$ 含量 20% 左右）：

$$3SiCl_4 + Si + 2H_2 \longrightarrow 4SiHCl_3 \tag{2-5}$$

$SiCl_4$ 回收利用：采用改良西门子法生产多晶硅，每生产 1kg 多晶硅将产生 8～10kg 的 $SiCl_4$ 副产物。由于电耗较高、经济性较差，改良西门子法只能回收一部分 $SiCl_4$。最具可行性和经济性的方式就是利用 $SiCl_4$ 生产有机硅或气相二氧化硅纳米粉体，从而最大化地利用资源，并且很大程度上避免了污染。

（2）硅烷热分解法

英国标准电讯实验所在 1956 年成功研发出了硅烷（SiH_4）热分解制备多晶硅的方法，即通常所说的硅烷法。1959 年日本的石冢研究所也同样成功地开发出了该方法。后来，美国联合碳化物公司（Union Carbide）采用歧化法制备 SiH_4，并综合上述工艺且加以改进，便诞生了生产多晶硅的新硅烷法。这种方法以 $SiCl_4$ 氢化法、硅合金分解法、氢化物还原法、硅的直接氢化法等方法来制取 SiH_4，然后将制得的硅烷气提纯后在热分解炉中热解并沉积在细小的多晶硅棒上，以此来生产多晶硅，主要分为以下三个步骤：

$SiCl_4$ 和 H_2 与冶金级硅粉发生反应合成 $SiHCl_3$（500℃，30 MPa，采用铜基或铁基催化剂作为反应促进剂）：

$$3SiCl_4 + 2H_2 + Si \longrightarrow 4SiHCl_3 \tag{2-6}$$

$$2SiHCl_3 \longrightarrow SiCl_4 + SiH_2Cl_2 \tag{2-7}$$

SiH_2Cl_2 分解生成硅烷（SiH_4）并精馏提纯（60℃，0.3MPa）：

$$2SiH_2Cl_2 \longrightarrow SiCl_4 + SiH_4 \tag{2-8}$$

硅烷热分解生成高纯硅料（800～1000℃）：

$$SiH_4 \longrightarrow Si + 2H_2 \tag{2-9}$$

硅烷法的主要优点在于可以连续生产，单位产品电耗低，生产率较高。硅烷没有腐蚀性，因此得到的多晶硅纯度较高。存在的问题是 SiH_4 分解时容易在气相成核，在反应室内生成硅的粉尘，导致硅烷法的沉积速率（3～8μm/min）仅为西门子法的 1/10。此外，硅烷易燃易爆，生产操作时危险性大。采用硅烷法生产多晶硅的主要有挪威 REC，不过生产企业位于美国。

（3）流化床法

该工艺技术是以 $SiCl_4$、H_2、HCl 和工业硅为原料，并将它们置于高温（550℃）高压（30atm，1atm＝101325Pa）的流化床反应炉中氢化 $SiCl_4$ 为 $SiHCl_3$，精馏分离后 $SiHCl_3$ 在叔胺离子交换树脂催化剂的作用下歧化为 SiH_2Cl_2，再歧化 SiH_3Cl，制得 SiH_4。

如图 2-4 所示，原料气体入口在底部，气体从底部进入反应器后上升至加热区，在加热区气体原料分解成固体硅颗粒。从底部不断进入的气体流速足以使分解生成的硅颗粒处于悬浮状态，悬浮的颗粒不断地外延生长长大，长大到足够重的硅颗粒沉降到底部的容器里。反应的副产物从顶部的管路排出。

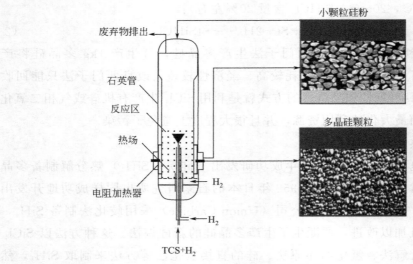

图 2-4　流化床反应炉结构图

硅烷由于热分解的温度低，所以流化床法是最适合硅烷气体制备多晶原料的方法。采用流化床法制备多晶硅，流化床的温度控制在 $575 \sim 685\,℃$，原料的物质的量比为 $1:21$，转换率可以达到 99%，由于在流化床反应炉内参与反应的硅表面积大，故该方法具有生产效率高、电耗低、成本低的优点。流化床法的缺点是安全性较差，危险性较大，且产品的纯度也不高。不过，它还是能够满足太阳电池生产的要求，该方法比较适合大规模生产太阳能级多晶硅。

2.3.2　单晶硅的制备

单晶硅的制备按晶体生长方法的不同，分为直拉（czochralski，Cz）法、悬浮区熔（float zone，FZ）法、外延法。直拉法、区熔法生长单晶硅棒，外延法生长单晶硅薄膜。在工业上，单晶硅主要由 FZ 法和 Cz 法两种方法制造。

直拉法单晶生长工艺是波兰科学家 Czochralski 于 1918 年发明的，简称 Cz 法。1952 年，Teal 和 Buehler 首次报道了 Cz 法制备硅单晶材料。Cz 法生产工艺具有下列的特点：

① 多晶硅的熔化是在坩埚中完成的，颗粒状或块状原料都可以。Cz 法拉单晶硅过程是一个提纯过程，对于有害杂质可以通过 Cz 拉单晶并结合吸杂等技术去除。

② Cz 法生产单晶硅具有成熟、低成本等特点。目前单晶炉设备和工艺都很成熟，自动化程度很高，一个工人可以同时操作几台单晶炉。

　　Cz法的不足之处是在使用石英坩埚时会不可避免地引入一定量的氧,对高效太阳电池、氧沉淀物是复合中心,会增加材料体内复合,从而降低电池效率。其生产流程参见图2-5,实际Cz法制备单晶硅棒如图2-6所示。

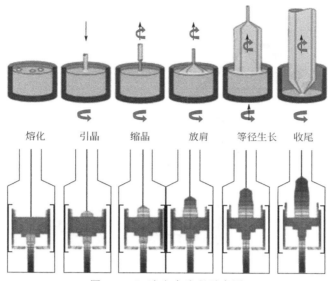

熔化　　引晶　　缩晶　　放肩　　等径生长　　收尾

图2-5　Cz法生产流程示意图

(a) 单晶炉　　　　　　　　　　(b) Cz法制备的单晶硅棒

图2-6　单晶炉和Cz法制备单晶硅棒(拍摄于海润光伏公司)

2.3.3　多晶硅锭生产

　　多晶硅锭的定向凝固技术(directional solidification system,DSS)是现生产多晶硅片的主要技术。这种铸造多晶硅锭的技术在1913年就被提出来,但直到1976年才被Fischer和Pschunder应用于太阳电池。通过定向凝固的方式生产的多晶硅片现已成为生产太阳电池的重要材料。定向凝固技术生产多晶硅锭主要有两种工艺。

(1) 浇铸法（block casting）

如图 2-7 所示。在一个坩埚内将高纯多晶硅原料熔化，然后浇铸到另一个经过预热的坩埚内冷却，通过控制冷却速度，采用定向凝固技术制备大晶粒的铸造多晶硅锭。

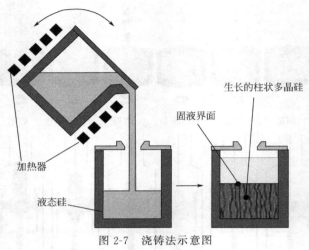

图 2-7　浇铸法示意图

(2) 直熔法

即直接熔融定向凝固法，又称布里奇曼法（Bridgman），如图 2-8 所示。在坩埚内直接将多晶硅料熔化，然后通过坩埚底部热交换的方式使熔体冷却，采用定向凝固技术制造多晶硅锭。

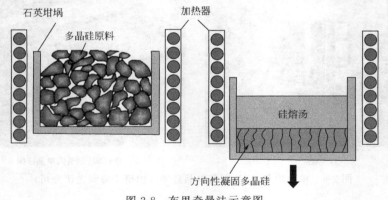

图 2-8　布里奇曼法示意图

2.4　硅片生产技术

目前硅片的加工主要通过线切割加工的方式进行。图 2-9 和图 2-17 所示为硅片生产技术的流程图，在切割过程中会有 30%～50% 的材料损失。加工好的硅片，厚度为 $160 \sim 180 \mu m$。硅片生产制造过程中，其成本主要由三部分组成：多晶硅原料成本 50%、Cz 拉晶成本 35%、硅片加工成本 15%。硅片生产商通过减小切削线直径、提高切割速度来制造厚度更薄的硅片，提升产量。在过去的几年中，硅片厚度逐年下降，这个趋势还将继续。2015 年，国内厂家采用金刚线切割已经开始试产 $100 \mu m$ 左右厚度硅片，实验室也在研制厚度为 $40 \sim 80 \mu m$ 的硅片。

2.4.1 单晶硅片的加工

（1）去头尾/切断

去头尾：是指在晶体生长完成取出后，沿垂直于晶体生长的方向切去晶体硅头部和硅尾部无用的部分，即头部的籽晶和放肩部分以及尾部的收尾部分，通常称为籽晶端和非籽晶端，如图 2-9 和图 2-10 所示。当两端被去掉后，可用四探针来检查电阻以确定整个硅锭达到合适的杂质均匀度。

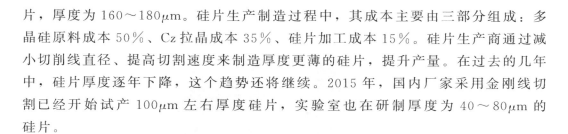

图 2-9 单晶硅片生产流程

图 2-10 晶棒去头尾/检测（拍摄于海润光伏公司）

切断：目的是按照客户要求将晶棒分段切成切片设备可以处理的长度。

（2）开方/滚磨

开方，即将圆形晶棒加工成方形。切方后的硅块截面为正方形，如图 2-11、图 2-12 所示。被切下来的边缘部分，可以回收使用，当成拉晶时的硅原料。切方会在硅块的表面造成机械损伤，因此加工时所达到的尺寸与所要求的硅片尺寸相比要留出一定的余量，而且切方后硅块表面留有大量的切削液，因此需要进行清洗。

图 2-11　准备开方的单晶硅棒（拍摄于海润光伏公司）

图 2-12　开方后的单晶硅棒去胶（拍摄于海润光伏公司）

滚磨即滚磨外圆，如图 2-13 所示。由于晶体生长时的热振动、热冲击等一些原因，晶棒表面并不光滑，整个晶棒的直径也不一致。因此晶棒需要进行外表面加工，使整个晶棒的直径达到统一，便于后续的工艺制作。

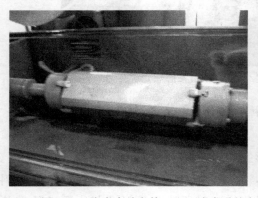

图 2-13　滚磨中的方棒（左）/滚磨后的方棒（右）（拍摄于海润光伏公司）

（3）粘胶/切片（slicing）

使用线切割机切割硅块时，需要将硅块粘在玻璃制成的垫板上起到固定作用，防止切割过程中硅块移动影响切割效果。再在其上放置导向条，以便于多线切割机进行切片。

参见图2-14。切片是硅片制备中的一道重要工序，它决定了硅片的厚度、翘曲度、平行度和表面质量等因素，并且经过这道工序后，晶体硅棒重量会损耗约1/3，严格控制可以减少硅棒损耗。

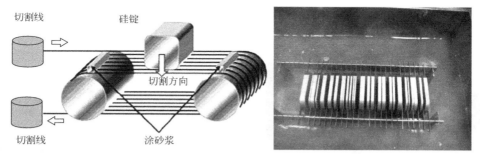

图2-14　切片原理（左）/切好后的硅片（右）（拍摄于海润光伏公司）

（4）清洗/检验

如图2-15所示，切好的硅片表面残留有黏胶和切削液（砂浆），需要进行清洗。通常脱胶采用热除胶法，即将自来水加热到80℃以上进行长时间的浸泡达到软化黏胶使其脱落的目的。去除砂浆主要采用大量自来水反复冲洗硅片的方法。

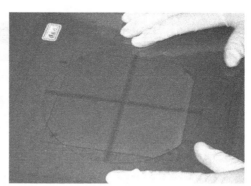

图2-15　硅片的清洗与检验（拍摄于海润光伏公司）

（5）分选/包装

硅片的分选与包装见图2-16。

2.4.2　多晶硅片的加工

多晶硅片生产流程见图2-17。

图 2-16　硅片的分选与包装（拍摄于海润光伏公司）

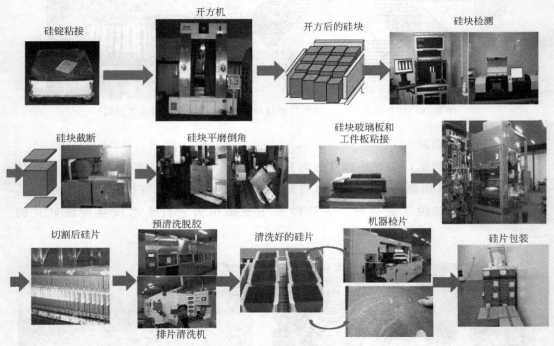

图 2-17　多晶硅片生产流程图（拍摄于海润光伏公司）

（1）粘胶/开方

粘胶，即将多晶硅锭粘到晶托上。开方，即使用线切方机将硅锭切割成后续工段所需要的尺寸，如一多晶硅锭为尺寸 80cm×80cm 的正方形晶锭，采用线切方机可加工出尺寸为（157.2±0.2）mm 的小方锭 25 个。小方锭再经过多线切割，就能得到用于太阳电池生产的多晶硅片。

（2）硅块检测

开方后的硅块，需要进行质量检验。检验的内容包括红外线探伤测试、电阻率测试、少子寿命测试和 p/n 型测试。工厂使用的设备为 NIR-01 红外探伤测试仪、WT-2000 或 Sinton Instruments WCT-120 少子寿命扫描仪及 DLY-Ⅱ型号测试仪。

红外线探伤测试：测试多晶硅生产中硅锭、硅棒、硅片的裂缝以及杂质、黑点、阴影、微晶等缺陷探伤。测试原理为在特定光源和红外探测器的协助下，硅锭中的微粒、夹杂、隐裂这些微缺陷会吸收红外光，在成像系统里显示为阴影。一般在硅锭头尾部出现缺陷的概率较大，需在出现缺陷处标记，将其去掉。

电阻率测试：采用半导体硅材料分选仪对硅锭电阻率进行检测。例如，某工厂根据客户要求，将硅锭中电阻率大于 $6\Omega \cdot cm$ 以及小于 $0.5\Omega \cdot cm$ 的部分切除掉。

少子寿命测试：检测硅块中少子寿命，若小于 $2~\mu s$，则硅块中该部分要切除。

p/n 型测试：对硅锭进行 p/n 型检查，若发现某部显示为 n 型，则这部分也应该去除。

（3）截断

开方后的硅锭，经过 IPQC 检测后，需要去除检测中不符合产品要求的部分，如少子寿命不合格、崩边、裂纹等。

（4）打磨/倒角

打磨：采用金刚石砂轮对多晶硅锭的四个侧面进行研磨加工，使之光滑平整；打磨后的多晶硅锭面间距可加工至 （156±0.5） mm。由于采用机加工的方式，打磨后的硅锭表面存在损伤层。

倒角：采用倒角机对多晶硅锭对角直径加工至 （219±1） mm，即倒角要求为（1.5±0.5） mm。经过倒角加工后，硅锭表面较为粗糙，同样存在损伤层。

（5）黏胶/切片

与单晶硅片加工相同，黏胶由环氧树脂与固化剂按 1:1 的配比混合而成，使用黏胶将晶锭固定在磨砂玻璃板上，以便于安装到线切割机上进行切片加工。

（6）脱胶清洗

加工好的硅片采用清洗机进行脱胶清洗操作。脱胶清洗剂是乳酸与水按 1:1 配制好的混合物，将温度升至 70~80℃ 左右，通过清洗机的喷淋与超声槽进行预清洗，再将硅片浸入乳酸槽内进行脱胶，使硅片与玻璃分离。脱胶时间控制在 600~700s 内，温度与时间的控制是完成脱胶操作的重要影响因素。

2.4.3 硅片的检验

硅片检验的目的是将不良品从良品里挑选出来，可以分为外观检测与电学性能检测两个主要部分。检验后的硅片再进行分类、标识、包装、运输、储存等环节。

（1）单晶硅片的检验

单晶硅片的检验参照国家标准 GB/T 2828.1 执行，通常有以下几个部分：硅片外观尺寸、硅片表面质量、硅片电学性能、杂质含量。除此之外还要检测硅片的翘曲度（bow）、厚度变化（TTV）、弯曲度（warp）等。

单晶硅片电学性能测试主要为电阻率测试及少子寿命测试两项；杂质含量测试

项目主要为氧含量测试、碳含量测试、掺杂型号测试；检验完成后即可出具检验报告，并将硅片进行标识、包装、运输、储存等。

在包装盒印出产品标识，内容如下：企业名称、产品型号或标记、制造日期、质量认证书、硅锭编号、氧、碳含量、少子寿命、电阻率。包装箱应标有"小心轻放""防腐、防潮"字样，箱内应有产品清单。

（2）多晶硅片的检验

多晶硅片外观检验项目包括硅片正（侧）面、线痕、崩边、污片、凹坑、色差片，硅片侧面检查缺角（口）、裂纹，硅片正面检查微晶、雪花晶等。电学性能测试项目包括导电类型、电阻率、少子寿命。

复习思考题

1. 简述金属、半导体及导体的电学性能差异。
2. 半导体具有哪些特性？
3. 单晶硅、多晶硅及非晶硅原子排列的区别。
4. 电子级硅与太阳级硅材料的纯度范围分别是？
5. 高纯度硅料的生产工艺主要包括哪几种？
6. 相比于区熔法制备单晶硅，直拉法的优势是什么？
7. 单晶硅片生产工艺包括哪些？
8. 多晶硅片生产工艺包括哪些？
9. 单晶硅片电学性能测试包括哪些？
10. 多晶硅片电学性能测试包括哪些？

参考文献

[1] 沈辉，曾祖勤.太阳能发电技术.北京：化学工业出版社，2005.

[2] 林明献.太阳电池入门技术.新北：全华出版社，2008.

[3] 陈留华.硅片的过程控制.第十届中国太阳能光伏会议论文集，2008.

[4] 任丙彦，王平，李艳玲，李宁，罗晓英.Si片多线切割技术与设备的发展现状与趋势.半导体技术，2010；35（4）.

[5] 铁生年，李昀珺，李星.太阳能多晶硅材料研究进展.硅酸盐学报，2009，37（8）.

[6] 吴建荣，杨佳荣，昌金铭.太阳电池硅锭生产技术.中国光电技术发展中心专题文章之四，1994-2008.

[7] Zong Wenjun，Sun Tao，Li Dan B，Liang Yingchun. Xps analysis of the groove wearing marks on

flank face of diamond tool in nanometric cutting of silicon wafer. International Journal of Machine Tools & Manufacture, 2008: 48 (15), 1678-1687.

[8] 杨德仁. 太阳电池材料. 北京: 化学工业出版社, 2006.

[9] Martin A.. Green. 太阳电池工作原理、技术和系统应用. 上海: 上海交通大学出版社, 2010.

[10] 张厥宗. 硅单晶抛光片的加工技术. 北京: 化学工业出版社, 2005.

[11] Quirk, Michael, Julian Serda. Semiconductor manufacturing technology. Upper Saddle River, NJ: Prentice Hall, 2001, Vol, 1.

[12] 冯地直. 在国产抛光机上改善硅抛光片 TTV 值的工艺探索. 四川有色金属, 1998 (4).

[13] Sinha D. Correlating chemical and water purity to the surface metal on silicon wafer during wet cleaning process. Chemical Engineering Communications, 2002, 189 (7): 974-984.

[14] 杨旺火, 李灵锋, 黄荣夫. 太阳能级晶体硅中杂质的质谱检测方法. 质谱学报, 2011, 32 (2): 121-128.

[15] Bergmann R B. Crystalline Si thin-film solar cells: a review. Applied Physics A, 1999: 69 (2), 187-194.

[16] Saga Tatsuo. Advances in crystalline silicon solar cell technology for industrial mass production. NPG Asia Materials, 2010, 2 (3): 96.

[17] Ranjan S, Balaji S, Panella R A, et al. Silicon solar cell production. Computers & Chemical Engineering, 2011, 35 (8): 1439-1453.

[18] Yu X, Wang P, Li X, Yang D. Thin Czochralski silicon solar cells based on diamond wire sawing technology. Solar Energy Materials and Solar Cells, 2012, 98: 337-342.

[19] 苏杰. 晶体硅太阳能电池用硅片制备工艺及关键技术. 云南冶金, 2011, 40 (4): 53-56.

第 **3** 章

太阳电池物理基础

太阳电池的物理机制主要是建立在半导体的光伏效应基础上的。光伏效应是1839 年法国人埃德蒙·贝克勒尔所发现的光电流现象，即光线作用在电化学实验过程中产生电流。这与 1887 年德国人赫兹在做无线电试验时，发现的光电效应在本质上是类似的，都是光的吸收产生电子的过程。需要说明的是，光伏效应是直接产生电流，而光电效应多是瞬间行为，材料吸收光子后瞬间产生无规则运动的电子，类似于摩擦生电过程，因此，将光伏效应理解为光电流效应更为准确。晶体硅太阳电池主要是以半导体材料为基础，通过特殊的工艺形成一个可以实现光电转换的半导体器件。作为信息技术的半导体器件主要功能是实现信息放大、传输、储存等，而太阳电池这种半导体器件主要是实现能量转换，即光能转换为电能。太阳电池物理主要涉及这个转换过程的光的吸收、载流子产生与复合、载流子的扩散与漂移以及光谱响应等方面内容。

3.1 概述

太阳电池就是一个大面积的半导体二极管，而 p-n 结是这一半导体器件的核心结构。要了解太阳电池的工作原理必须要了解半导体的导电机制与 p-n 结的结构与性能。

半导体的导电机制与金属不同，金属导电是依靠自由电子的运动，而半导体中存在两种可以移动的带电粒子：一是带负电荷的电子；二是带正电荷的空穴。一般将带电粒子称为载流子，那么半导体有两种载流子：电子和空穴。显而易见，这里所说的电子没有化学键结合，因而很容易脱离原子核的束缚，可以在晶体中自由运动。空穴的说明有点复杂，实际上也是电子的行为所致，不过这种电子与前面的不同，是电子离开共价键后留下的一个空位，共价键断裂后电子脱离原子核束缚留下空位，该空位会被附近的一个价电子填充，而该价电子仍有脱离原子核束缚的可能。当该价电子脱离后所形成的空位又会被附近的另一个价电子填充，就像是空位自身在移动。可以将该空位的移动视作一种特殊的粒子在运动，为了与移动的电子有所区别，称这种粒子为空穴。由于一个电子脱离使得原子成为离子而多出一个正电荷，故将空穴看作带正电荷的粒子。半导体的导电性能主要取决于其含有载流子的多少，载流子浓度越高其导电性能就越好。对于没有掺杂的本征半导体，原子间能形成完整的共价键，电子和空穴是成对出现的，但数量很少，所以本征半导体的导电性能是很差的。

对于掺杂半导体，由于掺杂物质的不同其主要载流子的类型也不同，人们把它们分为带负电（negative）的，即 n 型半导体；带正电的（positive），即 p 型半导体。n 型半导体中主要载流子是自由电子，电子是带负电荷的，它是通过往本征半导体中掺入施主杂质获得的。以晶体硅为例，就是往其中掺入 V 族元素（如磷 P）。当晶体硅掺入磷后，磷原子会替代原来的硅原子并与邻近的硅原子形成共价键。由于磷原子是五价的，所以在形成共价键后会多出一个价电子，在晶体结构中这个电子很容易摆脱原子核的束缚成为自由电子，因此掺杂施主浓度越高，自由电子数量也就越多。p 型半导体的主要载流子是空穴，空穴是带正电荷的。与 n 型半导体不同，p 型半导体掺入的是受主杂质，空穴之所以带正电荷实际上是来源于受主杂质。对于晶体硅，掺入的元素一般是 III 族元素（如硼 B）。硼原子掺入晶体硅后也会替代硅原子并形成共价键，但由于硼原子是三价的，其形成的共价键中会少一个电子形成空穴，空穴附近的价电子有可能会填补这一个空穴。同样掺杂受主浓度越高，空穴数量就越多。

需要说明的是，虽然在原子层面上这种单类杂质掺杂的半导体会出现带负电的电子或带正电的空穴，但由于受到施主离子与受主离子的平衡，因此在宏观上半导体材料各个区域都是电中性的。

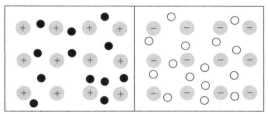

(a) n 区与 p 区载流子扩散

p-n 结一般是在 n 型（或 p 型）半导体上掺入受主（或施主）杂质，使原半导体一部分变成 p 型（或 n 型）半导体而形成的。如图 3-1（a）所示，当 p 型半导体和 n 型半导体接触时，在交界处存在着很大的自由电子和空穴浓度差，必然造成 n 区中的电子向 p 区扩散，p 区中的空穴向 n 区扩散。由于 n 区中电子和 p 区中空穴的离去使得原本呈电中性的区域变成了正电荷区和负电荷区。在交界面的两侧形成的正负电荷区域叫作空间电荷区。空间电荷区的正

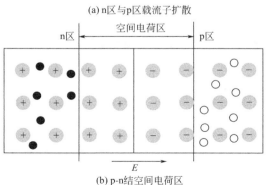

(b) p-n 结空间电荷区

图 3-1 p-n 结空间电荷区的形成

⊕ -正离子；⊖ -负离子；

● -电子；○ -空穴

负电荷形成一个由 n 区指向 p 区的电场，这个电场称为内建电场。内建电场能使当中出现的自由电子和空穴分别向 n 区和 p 区漂移运动，这个漂移运动的方向刚好与扩散运动相反。随着扩散运动的进行内建电场会不断地增大，而内建电场的增强会使漂移运动增加。当漂移运动与扩散运动刚好达到平衡时，就形成了如图 3-1（b）所示的稳定的 p-n 结。晶体硅太阳电池就是利用 p-n 结具有内建电场的特点进行发电的，下面章节中会对此进行介绍。

3.2　基本结构与原理

3.2.1　太阳电池结构

目前，晶体硅电池不论是单晶硅还是多晶硅电池，其基本结构如图 3-2 所示，由上至下分别是前电极、减反射膜（antireflection coating，ARC）、绒面、发射极、空间电荷区、硅衬底、背场、背面电极。

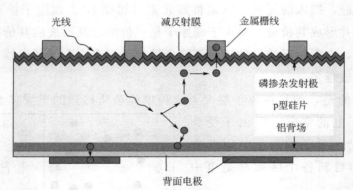

图 3-2　常规 Al-BSF 太阳电池基本结构（中来光电包杰提供）

3.2.2　太阳电池发电过程

晶体硅太阳电池的基本工作原理：当 AM1.5G 的标准光源产生的光照射到太阳电池表面时，首先面临的是光学损失，主要是金属电极的遮挡损失，前表面减反射膜的寄生性吸收损失，前表面反射损失，而后进入硅片体区。其中 300～1200nm 的光被硅吸收产生电子-空穴对，由于 p-n 结的存在，根据二极管 I-V 特性，肖克莱（William B. Shockley）提出了著名的方程，如公式（3-1）所示。而在太阳电池中，光生载流子将遵循三大方程（电流方程、泊松方程、连续性方程）进行载流子分离、扩散与漂移运动。如图 3-3 所示，p 型硅片表面掺杂磷，在热平衡状态下，其电子与空穴浓度的分布如图 3-3 所示。在空间电荷区中光生电子-空穴对被分离后，电子在内建电场作用下，将会向左漂移至空间电荷区左侧边缘；而空穴则在内建电场作用下向右漂移至空间电荷区右侧边缘。在距离空间电荷区一个扩散长度 L_p（L_n）的范围内产生的空穴（电子），则由于浓度差可以扩散至空间电荷区内通过内建电场漂移至 p 型基区（n 型发射极区）。而距离空间电荷区边缘大于一个扩散长度区域产生的少子大部分将会被复合，多子同空间电荷区及一个扩散长度区域过来的多子一起扩散至硅片表面被电极收集。

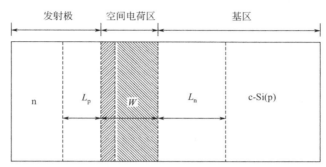

图 3-3　以 p 型硅片为衬底、表面扩散磷作为发射极的发射极、空间电荷区及基区的分布

3.3　太阳电池的 *I*-V 特性与主要技术参数

3.3.1　*I*-V 曲线主要性能参数

太阳电池本身就是一个二极管，因此可以借助于肖克莱的二极管方程来描述太阳电池的电学性能。二极管方程为：

$$I = I_s \times [\exp(V/V_T) - 1] \tag{3-1}$$

式中，$V_T = q/(k_B T)$；q 为电子电荷量；k_B 为玻尔兹曼常数。相对于二极管，太阳电池在光照情况下产生的光电流 I_L 为负值，即：

$$I = I_s \times [\exp(V/V_T) - 1] - I_L \tag{3-2}$$

如无光照，$I_L = 0$，太阳电池就是一个普通的二极管。当太阳电池短路，即 $V = 0$，则 $I = -I_L = I_{sc}$，即光电流就等于短路电流。

当太阳电池开路，即 $I = 0$，则开路电压为：

$$V_{oc} = V_T \times \ln(I_L/I_s + 1) \tag{3-3}$$

相对于二极管的电流-电压关系曲线，太阳电池的电流-电压关系曲线向下移动 I_L 距离，即从第一象限移动到第四象限。但为了简单起见和方便分析，一般将这电流-电压曲线以 X 轴（电压）为镜像轴投射到第一象限。

太阳电池的输出功率就是电流和电压的乘积：

$$P = I \times V = I_s \times V[\exp(V/V_T) - 1] - I_L \times V \tag{3-4}$$

对于确定的太阳辐射，在太阳电池的电流-电压特性曲线上存在一个最大功率点。为了求出最大功率点所对应的最大工作电压和最大工作电流值，可对式（3-4）进行数学处理，即通过 $dP/dV=0$ 可得出最大工作电压：

$$V_{max}=V_T \times \ln[I_L+1/(I_{max}/V_T-1)]$$

而由此就可以导出最大工作电流：

$$I_{max}=I_s \times [\exp(V_{max}/V_T)-1]-I_L \tag{3-5}$$

而太阳电池的最大功率：

$$P_{max}=V_{max} \times I_{max}$$

当没有光线照射时，电流为 0，就是一个普通的二极管。

I-V 曲线（电流-电压特征曲线）是在标准测试条件下（STC：光谱 AM1.5，光强 1000 W/m²，温度 25℃），通过改变外电路负载扫描得到的曲线。如图 3-4 所示是中山大学太阳能系统研究所制备的新型背接触多层膜（multilayer back contact，MLBC）太阳电池的 I-V 曲线。为了进一步对太阳电池的参数进行理解，下面将结合图 3-4 和表 3-1，简要介绍一下表征太阳电池性能的主要技术参数。

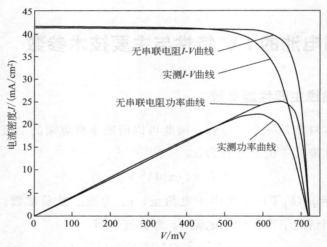

图 3-4 MLBC 太阳电池的实测 J-V 及 Suns V_{oc} 测试曲线

Suns V_{oc} 测试结果是电池串联电阻为 0 时的理想 I-V 特性曲线

表 3-1 江苏润阳悦达光伏科技有限公司 Halm 测试 PERC 电池生产线 I-V 平均值

$\eta/\%$	V_{oc}/mV	$J_{sc}/(mA/cm^2)$	$FF/\%$	P_m/W	$R_s/(\Omega \cdot cm^2)$	$R_{sh}/(k\Omega \cdot cm^2)$
21.8	675.0	39.9	81.0	5.33	0.4	227

短路电流密度（J_{sc}）：太阳电池外加负载短接时所产生的电流，可以认为是太阳电池能产生的最大光电流。短路电流（I_{sc}）大小受电池面积和光吸收能力影响，为了更好地表征太阳电池的光学特性，人们常将其除以面积得到短路电流密度（J_{sc}）。短路电流密度越大，说明电池对光的吸收越好。目前，商用太阳电池的短

路电流密度一般为 39mA/cm^2 以上。表 3-1 所示为江苏润阳悦达光伏科技有限公司的 PERC 生产线 Halm 测试得到的 $I\text{-}V$ 平均值，J_{cs} 达到了 39.8mA/cm^2。

开路电压（V_{oc}）：太阳电池外加负载处于断开时测得的电压值。它是太阳电池电学特性的重要指标，它与电池材料的光学带隙、复合效应和工作温度有关，目前，常规单晶硅太阳电池的开路电压为 655mV 以上，单晶硅 PERC 太阳电池的开路电压为 675mV 以上。

最大功率点 P_m 的电流与电压（I_m，V_m）：随着负载的变化，太阳电池的输出功率也是变化的，当太阳电池输出功率最大时，其所在的 $I\text{-}V$ 曲线上所对立的点成为最佳工作点，其对应的电流电压分别是 I_m 和 V_m，此时输出功率最大，为 P_m。如表 3-1 所示，PERC 电池的 P_m 达到 5.33 W。

转换效率（η）：指最大输出功率（电能）与输入功率（光能）的比值，它是太阳电池性能好坏最直接的表征参数，太阳电池转换效率越高性能就越好，其计算公式为：

$$\eta = \frac{P_m}{A \times I_r} \times 100\% \tag{3-6}$$

式中，A 为电池面积；I_r 为 STC 标准入射光照强度。目前商用晶体硅太阳电池的效率为 $19\% \sim 22\%$。表 3-1 中，PERC 电池的平均效率达到了 21.8%。

串联电阻（R_s）：串联电阻也是太阳电池的内部电阻，它可以看作是与外部负载串联在一起的。串联电阻是评判太阳电池电学性能的一个很重要的参数，它包含了太阳电池横向传输电阻、接触电阻、电极电阻等。理想太阳电池的串联电阻为 0，目前商用太阳电池的串联电阻一般为几欧平方厘米以下。串联电阻也可以通过 $I\text{-}V$ 曲线计算出来，它是曲线在开路电压附近切线斜率的倒数，公式为：

$$R_s = \frac{\Delta V_2}{\Delta I_2} \tag{3-7}$$

并联电阻（R_{sh}）：太阳电池可以看作是由光电源、二极管、电阻组成的一个器件，其中，并联电阻就是指在等效电路图中看作与负载并联的内部电阻。并联电阻一般作为评判太阳电池漏电情况的参数，理想的太阳电池并联电阻为无限大。目前，商用太阳电池的并联电阻多为 $100\text{k}\Omega \cdot \text{cm}^2$ 左右这个量级。并联电阻可以通过 $I\text{-}V$ 曲线计算出来，它是曲线在短路电流附近切线斜率的倒数，公式为：

$$R_{sh} = \frac{\Delta V_1}{\Delta I_1} \tag{3-8}$$

填充因子（FF）：填充因子是评判太阳电池电学品质的总体度量，其与电池材料的电阻率、接触电阻、串并联电阻等都有很大的关系，太阳电池的填充因子越高，表示其电学性能越好。其计算公式为：

$$FF=\frac{I_{m}\times V_{m}}{I_{sc}\times V_{oc}}$$

(3-9)

目前太阳电池的填充因子多为 79%～81%。

3.3.2 其他参数

除了以上这几个最常用的太阳电池性能参数外，还有一些更细致的参数去表征太阳电池性能。主要包括量子效率、少子寿命及接触电阻率等。这些参数都有专门的仪器来测量，通过分析能够与电池工艺与性能对应起来，可以加深对太阳电池物理机制的理解。

量子效率：它是太阳电池效率更细致的表现，与太阳电池效率不同的是太阳电池效率指的是全光谱照射到电池上的效率，而量子效率是指各个波长单色光照射到太阳电池上各自的效率组成的一个效率谱线。外量子效率（external quantum efficiency，EQE）是指被电池吸收的光子转化成光生电流的电子空穴对与照射在电池表面的光子的百分比；内量子效率（internal quantum efficiency，IQE）是指被电池吸收的光子转化成光生电流的电子空穴对与进入电池内的光子的百分比。

少子寿命：其指的是电子-空穴对产生到复合的时间，对于宏观来说指的是平均寿命，参考上一节可以知道少子寿命越长，电子空穴到达空间电荷区的概率就越大，电池效率也就越高。一般 Cz 硅片少子寿命为微秒量级，FZ 硅片为毫秒量级。通过退火工艺、薄膜材料等可以改进硅片的质量，在提高少子寿命方面也是一个重要的技术手段。

接触电阻率：晶体硅太阳电池的转换效率不仅被复合机制制约，而且金属与硅的接触电阻率也是主要的制约因素。金属与硅表面接触电阻属于重要的研究点，因此本书此处将重点介绍。1939 年，W. Schottky 提出了金属与半导体的接触电阻理论，即肖特基二级管理论，界面接触的电流与电压属于线性关系。金属与半导体接触界面主要存在两种传输机理，一种是隧穿效应（tunnel effect），另一种是热离子发射效应（thermionic effect）。以 n 型硅片为衬底为例，隧穿效应主要是针对金属与硅片接触界面重掺杂，热离子发射效应，主要是针对低掺杂浓度的接触界面。接触电阻率的测试有许多种，但主要是两种方法，一种是转移长度法（transfer length method，TLM），另一种是 Cox-Strack 法。工业级晶体硅太阳电池的接触电阻率改善，主要是选择性发射极结构及在正银浆料性能提升两方面。其中，正银主要是使细栅线实现更大的高宽比，降低接触电阻和减少烧穿漏电，通过对有机载体性能提升和无机粉体的粒径控制，优化玻璃粉，既要保证良好的线型，又要避免断栅。在改善银、硅接触界面接触电阻率方面，浆料需要对发射极的方阻适应性更加宽，要达到 $100\Omega/sq$。并且正银的烧结窗口要宽，实现良好的可焊性、耐焊性，提高银电极的附着力和可靠性。同时，还要能够适应各种绒面，如酸制绒面、黑硅绒面等，要求有机载体对不同基底具有更高的结合力。

实际应用过程中，人们对于太阳电池所要求的主要参数就是转换效率、可靠性及经济性。可靠性需要特别的环境来验证，国际上有一系列相关标准与实验方法。经济性需要对生产成本进行控制，也与生产规模有密切关联。对于太阳电池的转换效率的提高一直以来是研究人员与生产企业的努力目标。一般来说，效率提高对于生产成本降低有积极作用。从材料与物理方面来讲，太阳电池的效率提高是有一定的物理限制的，因为太阳电池的光电转换效率存在特定的损失机制。一般来说，标准单结太阳电池的效率损失主要有以下几个方面：

　　（1）非吸收损失

　　由于每种特定半导体材料只能最大限度地吸收一定范围波长的太阳辐射，如硅的禁带宽度约为 1.12eV，对应吸收波长阈值是 1150nm，即波长大于 1150nm 的太阳辐射不能被晶体硅太阳电池吸收利用，这样太阳辐射中大概 28％ 的红外线不能被利用。此外还有电池表面反射光线以及材料透射光线损失，这些都对光电转换没有任何贡献。

　　（2）晶格热弛豫损失

　　太阳电池所吸收的每一个光子，不管其能量有多高，都只能产生一对电子-空穴对。吸收了高能光子所激发的电子-空穴对将迅速弛豫回到带隙边缘，同时释放声子并以热的形式耗散掉。仅仅这一效应就使单结太阳电池所能达到的最高转换效率限制在 44％ 左右。

　　（3）p-n 结和接触电阻损失

　　虽然载流子可以被相当于禁带宽度的电势差所分离，但 p-n 结电阻以及与外电路的接触电阻的存在，使电池的输出电压仅是这一电势差的一部分。

　　（4）载流子的复合损失

　　复合是指光激发产生电子-空穴对后，电子又与空穴实现复合而消失。复合效应造成所形成的载流子减少，从而影响了太阳电池的电学性能。在电池的不同结构发生的复合过程并不一样，主要包括表面复合、体内复合、结区复合以及半导体与金属接触造成的复合过程。

　　总的来说，影响太阳电池效率的主要因素是光学损失和电学损失。光学损失主要包括电池表面的光反射、前表面金属栅线的遮挡损失以及太阳电池材料本身的光谱响应特征；电学损失主要有载流子的复合损失和半导体-金属接触的欧姆损失等。1960 年，William B. Shockley 与助手 Hans Queisser 针对 p-n 单结太阳电池的效率极限值进行了理论计算。其理论计算的前提条件是，假设半导体吸收体材料中只存在一种复合机理，即辐射复合。并且其物理模型设置为太阳和电池，温度为 6000K 黑体辐射下，太阳电池工作温度为 300K，对于硅而言，其理论极限效率为 29％～30％，GaAs 的理论极限效率是 30％～31％。2016 年，荷兰能源研究中心（Energy research Center of the Netherlands，ECN）研究所的 Albert Polman 等人，分析了实验中报道的晶体硅太阳电池、CIGS、GaAs、钙钛矿及有机太阳电池的最高效率，发现目前没有任何一种带隙半导体材料能够突破 William B. Shockley 与 Hans Queisser 提出的效率理论极限值。由此可见，此理论效率极限值具有相当高的精确度。2013 年，德国弗劳恩霍夫太阳能系统研究所（Fraunhofer ISE）的 Armin Richter 等人，根据最新修正的 AM1.5G 光谱，进行更精确的理论计算后认为，晶体硅太阳电池的最佳厚度为 $110\mu m$，并且掺杂浓度接近本征，温度为 300K，理论效率极限为 29.43%。

数十年来，晶体硅太阳电池的效率提高主要依托技术进步，这包括关键材料与工艺等方面的进步与发展，特别是电池结构上也有一些创新发展。不管是单晶硅电池还是多晶硅电池，已经大规模生产的电池的转换效率都有明显提高。目前多晶硅电池效率已经达到 19%～20.5%，单晶硅电池更是实现 20%～22%甚至更高。新型结构的晶体硅电池，如 PERC、IBC、TOPCon、HIT 等正在实现大规模产业化。总体来看，晶体硅电池的进步主要是电池的结构上有些改变，此外是在材料方面，如氮化硅、氧化铝、新型银、铝浆料等的成功应用，甚至包括激光、离子注入等工艺应用以及大规模自动化生产装备的推广。但是晶体硅电池发展到今天，其物理机制没有改变，没有革命性变化，主要还是技术进步，因为电池本身仍是建立在半导体材料、p-n 结及欧姆接触等的基础上，最大的进步主要是实现了生产成本的降低，当然这与规模化生产与应用是密切相关的。

复习思考题

1. 描述 p-n 结的形成与作用机制。
2. 简述晶体硅太阳电池的基本结构，并指出各部分的作用。
3. 描述二极管方程的物理意义。
4. 描述太阳电池的 I-V 曲线的基本意义。
5. 太阳电池主要性能参数有哪些？
6. 何为太阳电池的光谱响应？
7. 何为太阳电池的内量子效率与外量子效率？
8. 太阳电池的效率损失机制有哪些？
9. 光学损失主要包括哪些？
10. 电学损失主要包括哪些？

参考文献

[1] 吴伟梁. 高效晶体硅太阳电池结构与性能研究. 广州：中山大学，2018.

［2］ Schottky W. Zur halbleitertheorie der sperrschicht-und spitzengleichrichter. Zeitschrift Für Physik，1939，113（5-6）：367-414.

［3］ Meier D L，Schroder D K. Contact resistance：Its measurement and relative importance to power loss in a solar cell. Electron Devices IEEE Transactions on，1984，31（5）：647-53.

［4］ Cohen S S. Contact resistance and methods for its determination. Mrs Proceedings，1982，18（3）：361-79.

［5］ Goetzberger Adolf，Joachim Knobloch，Bernhard Voss. Crystalline silicon solar cells. Wiley Online Library，1998.

［6］ 陈奕峰. 晶体硅太阳电池的数值模拟与损失分析. 广州：中山大学，2013.

硅片制绒工艺

晶体硅太阳电池已经成为光伏发电的主导产品，我国已经成为世界最大的晶体硅太阳电池生产国，全球十大太阳电池之中的大多数太阳电池生产厂家都是我国的企业，这些企业的年生产规模都在几吉瓦之上。根据发展趋势，晶体硅太阳电池的主流市场地位，在未来 10 年甚至更久的时间是很难被替代的。晶体硅太阳电池的第一道工艺就是硅片制绒工艺，这涉及两个方面内容：一是硅片表面杂质的去除；二是硅片表面形成陷光结构。这些对晶体硅太阳电池的光学性能、电学性能的改善与提升很重要。本章主要介绍制绒工艺、原理及生产方法等。

4.1 概述

晶体硅太阳电池分为单晶硅与多晶硅两种；从硅片的导电类型来看，还可以将晶体硅太阳电池分为 p 型硅电池与 n 型硅电池。目前产品中占大多数的是 p 型多晶硅电池，这类电池的尺寸都是 156mm×156mm，常规多晶硅电池效率可以达到 18.5%～19.5%，钝化发射极和背面电池（passivated emitter and rear cell，PERC）多晶硅电池效率可以达到 21.0%左右。单晶硅也可分为 p 型硅或 n 型硅，p 型单晶硅尺寸多为 156mm×156mm，常规电池效率可以达到 20.8%左右，PERC 电池效率可以达到 22.0%左右。而 n 型单晶硅 PERT 和 TOPCon（tunnel oxide passivated contaet）电池的效率可以达到 21.5%～23%，甚至更高，硅片尺寸多为 156mm×156mm。目前，市场上主流硅片厂家开始推广大尺寸单晶硅片，包括 157mm×157mm、158mm×158mm、161mm×161mm 及 166mm×166mm 等，能够在相同电池效率基础上，提高组件输出功率。2019 年 6 月份，隆基乐叶推出了 500 W（72 片）组件，这也是首次组件突破 500 W，最核心技术是采用 M6 单晶硅片（166mm×166mm）。

经过最近 10 多年的发展，晶体硅太阳电池的工艺路线与生产技术不断得到改进与完善，生产方式已经从手工、半自动化向全自动化模式过渡。得益于大规模的生产工艺技术的进步，晶体硅电池的生产成本得到大幅度降低，同时电池的转换效率也在逐步提升。图4-1所示为晶体硅太阳电池生产工艺流程示意图。硅片清洗制绒，是晶体硅电池生产的第一步工艺流程，采用各类制绒药剂对硅片进行表面化学处理，形成具有"陷光"效果的绒面结构。第二步是扩散，对于 p 型硅片，采用磷扩散的方法形成 n+ 层。第三步是背面和边缘刻蚀，主要是去除扩散过程中形成的 n+ 型层和正面的磷硅玻璃。第四步是等离子体增强化学气相沉积（plasma enhanced chemical vapor deposition，PECVD）沉积 SiN_x：H，在硅片表面形成减反射、钝化发射极的薄膜。第五步是丝网印刷正背面的金属电极和铝背场，先印刷背面银浆和铝浆料，烘干后，印刷正面银浆料，进行高温烧结形成具有良好欧姆接触的金属电极和铝背场。最终，制造好的每一块电池都要在 IEC 认证的标准测试环境下完成 I-V、EL 检测，并按照测试结果进行分档并包装入库。

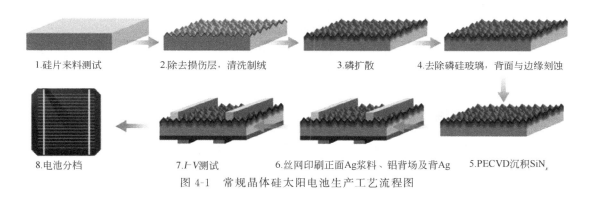

1.硅片来料测试　　2.除去损伤层，清洗制绒　　3.磷扩散　　4.去除磷硅玻璃，背面与边缘刻蚀

8.电池分档　　7.I-V测试　　6.丝网印刷正面Ag浆料、铝背场及背Ag　　5.PECVD沉积SiN_x

图 4-1　常规晶体硅太阳电池生产工艺流程图

4.2　制绒工艺目的

硅片的清洗与制绒是在晶体硅太阳电池生产过程中的第一道工序，也是非常重要的一个环节，这个环节达不到要求，将直接影响电池的器件性能。这个工艺的主要目的有两个：①去除硅片切割时所造成的损伤层及表面污染物；②形成光线能够多次吸收的表面陷光结构，也可称为表面织构化，以减少表面反射损失，从而增加对光的吸收。

4.2.1　硅片清洗

砂浆线切割技术是太阳能级晶体硅片生产的常规技术，硅片在切割的过程中表面会产生厚度约为 $10\sim20\mu m$ 的损伤层。研究表明，单晶硅片的表面损伤层将影响

"金字塔"的成核及后续腐蚀过程，导致硅片表面腐蚀不均匀，无法形成良好的绒面结构，将会严重影响晶体硅太阳电池的光电转换效率。因此，需将表面损伤层去除以获得理想的绒面结构来达到良好的减反射效果。

另外，从硅原子结构来看，切割前每个 Si 原子都与周围 4 个 Si 原子通过价电子形成共价键，切割后硅片表面垂直方向的共价键断裂成为悬挂键并处于不稳定状态，它具有俘获电子或其他离子、原子、分子的能力。当周围环境中的离子、原子或分子趋近时，就会在表面富集并形成吸附、造成污染。容易被吸附的有金属离子、氧化物、有机物、尘埃颗粒等。污染物的形成将造成如下危害：

① 所吸附的有机物、颗粒残留等，会直接影响扩散、镀膜等工艺的均匀性；

② 硅片表面的重金属杂质，在扩散时很容易进入到硅片内部，从而降低少子寿命，使得漏电流增大；

③ 硅片表面吸附碱金属杂质，如钠离子等，将会在硅片表面形成反型层，增大表面复合率，也将严重影响太阳电池的电学性能。

近几年来，金刚线切割技术因其高产能，逐步替代了砂浆线切割技术，成为太阳能级硅片生产的主流技术。

4.2.2 表面制绒

当太阳光照射在硅片表面上时，一部分光被吸收，一部分光线会直接透过硅片，剩余的光会被反射出硅片表面。通常情况下，硅片表面的反射率很高，阳光垂直照射时，反射率最小。入射角增大，硅片表面反射率增加很快。如果不进行陷光结构化处理，硅片表面约有 30%～35% 的太阳光会被直接反射出去。但光照射在制绒后的硅片表面时，光线会被反射到邻近的金字塔面上或同一凹坑表面上，这样就会增加太阳光在硅片内部的有效运动长度，也使得更多的光线被吸收。图 4-2 分别为不同表面光的反射情况示意图，可以发现电池表面金字塔结构能够形成多次反射，形成有效的减反射功能。

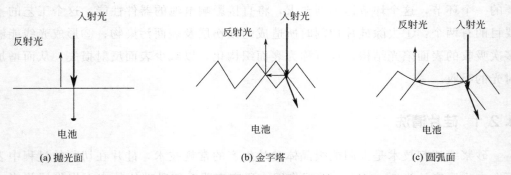

(a) 抛光面   (b) 金字塔   (c) 圆弧面

图 4-2 入射光在不同电池表面结构的入射、反射和吸收

4.3 工艺原理

4.3.1 单晶硅制绒原理

单晶硅片制绒生产中，采用碱性腐蚀剂，达到表面织构化的效果。利用硅与低浓度碱液的各向异性腐蚀特性，可在硅片表面随机形成"金字塔"形绒面结构。硅的各向异性腐蚀，是指硅与腐蚀剂反应过程中，不同晶面的腐蚀速率不同。晶面间的共价键密度越高，越难腐蚀。通过控制腐蚀剂的浓度与反应温度，晶面间的腐蚀速率最大可达 $R_{110}：R_{100}：R_{111} = 400：200：1$，反应最终停止在腐蚀速率最慢的（111）面上，$R$ 为腐蚀速率。四个相交的（111）面与（100）面呈 $54.7°$的角，即可得到形状为金字塔形的绒面，见图 4-3。工业生产中，将金字塔绒面大小控制在 $1 \sim 3\mu m$ 内。

图 4-3 碱制绒晶面腐蚀示意图

绒面的形成是"金字塔"成核与长大的过程，金字塔的形成先从某些点开始，逐渐长大，布满整个硅片表面，可用微电池电化学腐蚀理论解释这个现象。硅片表面存在的微区杂质浓度差，有局部微小缺陷和损伤，在区域间形成了电位差，产生了阳极和阴极。电极电位低的是阳极，电极电位高的是阴极，阳极被腐蚀溶解。这些不同电位的区域在电解质溶液中是互相接触和连通的，在硅片表面形成了许多微电池，依靠微电池的电化学反应，使硅片表面不断被腐蚀。

阳极处：

$$Si + 6OH^- \longrightarrow SiO_3^{2-} + 3H_2O + 4e \qquad (4-1)$$

阴极处：

$$4H^+ + 4e \longrightarrow 2H_2 \uparrow \qquad (4-2)$$

总反应式：

$$Si + H_2O + 2NaOH = Na_2SiO_3 + 2H_2 \uparrow \qquad (4-3)$$

腐蚀反应中 OH^- 是主要的反应物质，OH^- 提供电子并与硅片表面的悬挂键发生反应。在（111）晶面上，一个硅原子的一个共价键断开成为悬挂键，就与一个 OH^- 发生反应，（100）晶面上，一个硅原子的两个共价键断开成为悬挂键，就与两个 OH⁻ 发生反应。单晶硅晶面的悬挂键越多，腐蚀速率越快，如图 4-4 所示。除此之外，影响腐蚀速率的因素还有溶液的温度、配比及操作方式等。

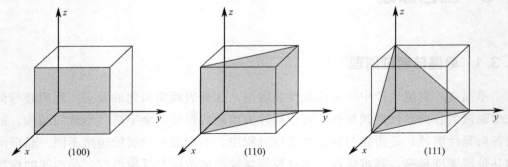

图 4-4　硅片（100）、（110）及（111）晶面示意图

4.3.2　影响因素分析

在腐蚀反应中，绒面的形成受到腐蚀剂成分、配比、温度、时间等诸多因素的影响，不同条件下生长成的"金字塔"形貌、大小、均匀性、分布密度都不一样。反射率是对绒面质量最直接的表征方式之一，它的测试原理是由光源产生复合光，通过色散系统，分解为波长连续的单色光，单色光入射到样品上，积分球收集从样品表面反射出来光的强度 S 和入射光的强度 A，反射率 $R = S/A$，连续调整波长（即扫描），就可以得到样品关于波长分布的反射率。下面将分别对各个影响因素进行分析，判断其对反射率的影响效果。

（1）制绒时间

中山大学太阳能系统研究所柳锡运，针对太阳电池单晶硅绒面制备及应用进行了详细研究，图 4-5 所示为绒面在不同时间下的形貌，绒面形成经历以下过程。绒面制备时间为 5min，在硅片表面形成一些四方锥，四方锥最大的有 5～6μm，四方锥的覆盖率不高，在 50% 左右。绒面制备时间为 25min，硅片表面原来没有覆盖到四方锥的空的表面上形成了反应的起始点，已经覆盖了 1μm 左右的小四方锥，夹在大四方锥之间。而最初已经形成的四方锥会继续突显"长大"，小的四方锥会"长大"，如图 4-5（c）所示，是绒面制备 30min 时的表面形貌。之前小于 1μm 的小四方锥已经"长大"成为 4～5μm 的大小了，夹在大四方锥之间的小四方锥群已经很少了，在图 4-5（c）中还是可以看到一处。原来大的四方锥也会继续"长大"，尺寸已经有 20μm 左右。反应时间再延长，小四方锥群"长大"消失，四方锥都会继续"长大"，小于 5μm 的四方锥会越来越少。绒面制备了 40min 的硅片表面形貌，见图 4-5（d），大的四方锥已经"长大"超过 20μm 了。这是一个大致的绒面形成过程，理想的情况是在第一步能够形成覆盖率为 100% 的四方锥，四方锥的大小没有关系，然后在之后的腐蚀过程中均匀"长大"，最终样品表面四方锥的大小均匀。这要求样品有一致性好的表面，同时添加剂中成核剂有很强的形成起始点的能力。

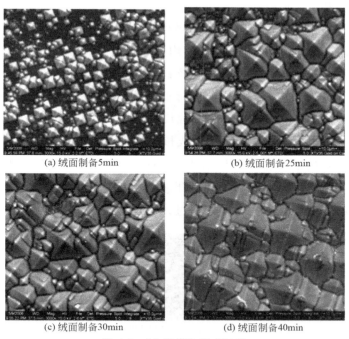

(a) 绒面制备5min   (b) 绒面制备25min

(c) 绒面制备30min   (d) 绒面制备40min

图 4-5 "金字塔"形成过程

（2）添加剂

添加剂是指一些不直接参加化学反应，但是能影响反应结果的物质。通常采用 IPA（异丙醇）作为制绒添加剂加入腐蚀液中，它并不直接参加化学反应，但加入后可以起到降低表面张力、减少氢气泡的吸附和增强金字塔均匀性的作用。IPA 在溶液中可以很好地分散 OH$^-$，使硅片表面各部分的腐蚀反应均匀进行，除起到改善气泡吸附与溶液黏度的作用外，IPA 还能影响硅片的腐蚀速率。图 4-6 为不同 IPA 浓度下制绒后硅片表面反射率和腐蚀速率图，由图可知，初始时 IPA 浓度增加腐蚀速率迅速下降，但 IPA 浓度增大到 10% 左右时腐蚀速率趋向于平缓。IPA 极易挥发，添加时需用塑料管或漏斗将其加到制绒槽的底部并盖好盖子，在完成一批硅片的生产后需补充 IPA。

Na$_2$SiO$_3$ 也是常用的传统添加剂之一，它可以起缓冲剂的作用。Na$_2$SiO$_3$ 是反应的生成物，它阻碍 OH$^-$ 腐蚀硅片并控制反应速率，它还能提供"金字塔"结构的成核点，对金字塔的成核起着十分重要的作用。初配溶液中加入 Na$_2$SiO$_3$ 还可

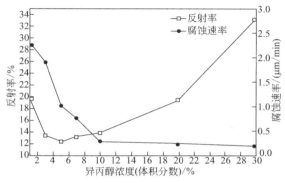

图 4-6 不同 IPA 浓度下制绒后硅片表面反射率和腐蚀速率图

以提高溶液的稳定性。由图 4-7 可知，随着溶液中 Na_2SiO_3 浓度的上升，金字塔的数量也呈上升趋势。

反应原理如下：腐蚀反应开始于缺陷和反应激活能低的表面处，去除损伤层后的硅片表面缺陷和杂质较少，难以制作均匀、覆盖率高的绒面。而 Na_2SiO_3 水溶液具有较强的碱性，多次水解产物中包含硅酸、多种硅酸盐和硅酸氢盐，其中存在大量的极性和非极性功能团，可以有效降低溶液的表面张力，改善硅片表面的润湿效果，还可以起到阻碍 OH^- 对 Si 的腐蚀反应并提供"金字塔"绒面成核起点的作用。因此，Na_2SiO_3 浓度越高，金字塔成核起始点越多。但腐蚀液中 SiO_3^{2-} 的含量过高，增加了溶液的黏稠度，Si 与 OH^- 的反应就被遏制，腐蚀液难以在单晶硅片表面形成理想的金字塔绒面，减反射效果差。生产中，补充 NaOH 和 IPA 后绒面质量依旧变差的原因即是如此，必须通过排液来控制 Na_2SiO_3 浓度。

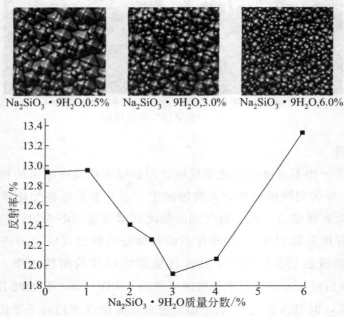

$Na_2SiO_3 \cdot 9H_2O,0.5\%$ $Na_2SiO_3 \cdot 9H_2O,3.0\%$ $Na_2SiO_3 \cdot 9H_2O,6.0\%$

图 4-7　不同浓度 Na_2SiO_3 制绒形貌与反射率分布图

（3）反应温度

在常温下，碱液与硅的腐蚀反应很难进行，提高反应温度可以加快反应的进行并获得较低的反射率。实验证明，随温度上升，制绒后硅片表面反射率逐渐下降。当温度为 85℃时，反射率最低。若反应温度过高，导致 IPA 挥发，会影响金字塔绒面结构的均匀性和一致性。反应温度过高还会导致腐蚀速率过快，反应难以控制。若反应温度过低，则腐蚀速率过慢，制绒周期延长。

4.3.3　多晶硅制绒原理

多晶硅包含晶界和不同晶向的晶粒，若采用单晶硅碱制绒技术，晶界两侧会观察到明显的色差现象，表面反射率差异可达 7%。最初，金刚线锯切割的多晶硅片尚未得到大规模推广，最主要的原因是，不能沿用在砂浆线切割多晶硅片上已大规模生产应用的 HF/HNO$_3$ 酸制绒方式，对金刚线锯切割多晶硅片进行有效制绒。这是因为金刚线锯切割的硅片上存在一层非晶硅薄层，对 HF/HNO$_3$ 酸制绒有阻挡作用；硅片表面的损伤层（凹坑）未均匀分布，难以采用 HF/HNO$_3$ 有效制绒。可以实现在金刚线锯切割多晶硅片表面制绒的方法有喷砂技术、机械刻槽、激光技术、离子反应刻蚀技术（reactive ion etching，RIE）、金属辅助化学腐蚀（metal-assisted chemical etching，MACE）等。喷砂技术首先在多晶硅片上进行喷砂处理，然后再进行腐蚀处理。机械刻槽是在硅片上用多个刀片同时刻出槽形结构。激光技术是利用高能量的激光光束在硅片表面处理形成制绒结构。RIE 是一种等离子体刻蚀技术，综合利用了等离子体的化学刻蚀能力和离子的动能对硅片进行刻蚀。MACE 是一种化学溶液刻蚀技术，利用了金属的催化能力对硅片进行刻蚀。喷砂技术、机械刻槽、激光技术尚不成熟，设备尚未稳定批量供应，RIE 和 MACE 技术适用于金刚线锯切割多晶硅片的制绒，可以实现大规模生产，降低整个产业的硅片成本。未来随着 RIE 和 MACE 技术的逐步推广，金刚线锯切割多晶硅片占比将越来越高。

多晶硅片制绒生产中采用的酸性腐蚀剂是由 HF（氢氟酸）、HNO$_3$（硝酸）与水按照不同的比例混合而成的，利用硅与酸液的各向同性腐蚀特性，在硅片表面随机形成凹坑形绒面结构。腐蚀液中 HNO$_3$ 是强氧化剂，它与硅片反应生成 SiO$_2$，见反应式（4-4）；HF 是络合剂，它与 SiO$_2$ 反应生成络合物 H$_2$SiF$_6$，促进反应进行，见反应式（4-5）、式（4-6）。反应中还会生成少量的 HNO$_2$，它也能促进反应的发生，这是一种自催化反应。

硅的氧化：

$$Si+4HNO_3 \longrightarrow SiO_2+4NO_2 \uparrow +2H_2O \tag{4-4}$$

二氧化硅的溶解：

$$SiO_2+4HF \longrightarrow SiF_4+2H_2O \tag{4-5}$$

$$SiF_4+2HF \longrightarrow H_2SiF_6 \tag{4-6}$$

总反应式：

$$3Si+18HF+4HNO_3 \longrightarrow 3H_2SiF_6+4NO \uparrow +8H_2O \tag{4-7}$$

反应过程可认为分两步进行：①硅的氧化，在此进程中，利用 HNO$_3$ 的强氧化性与 Si 反应，在多晶硅表面形成一层致密的不溶于水和 HNO$_3$ 的 SiO$_2$ 层，阻止反应进行；②SiO$_2$ 的溶解，利用 HF 与 SiO$_2$ 反应生成可溶性的 H$_2$SiF$_6$，使 SiO$_2$ 层的溶解和硅的氧化反应继续进行。如此反复，最终形成绒面结构。如图 4-8 所示，金刚线锯切割多晶硅片经 HF/HNO$_3$ 制绒后，表面形成了一些微米级别的蠕虫状凹坑，在原始硅片光滑区的凹坑很浅，在划痕处的凹坑相对较深，但是仍然不能形成有效减反射效果，经 HF/HNO$_3$ 制绒后的硅片反射率超过 20%（在 350～1100nm 波长范围内的平均值，下文相同）。RIE 处理后的表面结构如图 4-8（c）、 （d）所示，在 HF/HNO$_3$ 去损伤所形成的微米级蠕虫状结构基础上，叠加了针状的纳米结构，形成了复合微纳结构；并且在针状的纳米结构表面覆盖了粉末状的物质，在相邻蠕虫状结构的交界处，白色粉末连成线，轮廓更为清晰，这些物质是抑制层 Si$_x$O$_y$F$_z$ 和 Si$_x$O$_y$Cl$_z$ 的残留，可以通过浓度为 5% 的 HF 溶液去除干净。

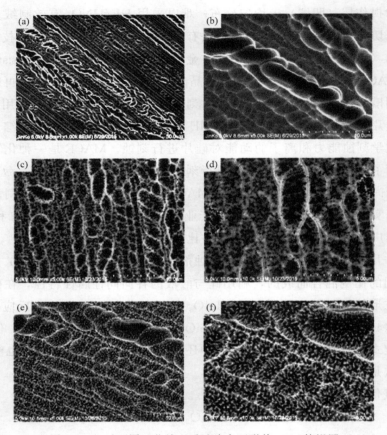

图 4-8　经过不同工艺处理后硅片表面形貌 SEM 俯视图

（a）经过 HF/HNO$_3$ 去损伤后，放大 1 千倍；（b）经过 HF/HNO$_3$ 去损伤后，放大 5 千倍；

（c）先经过 HF/HNO$_3$ 去损伤，然后 RIE，放大 5 千倍；（d）先经过 HF/HNO$_3$ 去损伤，然后 RIE，

放大 1 万倍；（e）先经过 HF/HNO$_3$ 去损伤，然后 RIE，再 DRE 清洗，放大 5 千倍；

（f）先经过 HF/HNO$_3$ 去损伤，然后 RIE，再 DRE 清洗，标尺为 5μm

4.3.4　影响因素分析

实际工艺中，HF、HNO$_3$ 混合液的体积配比、添加剂、反应的温度、时间及多晶硅片的表面状况等因素的影响，都会对多晶硅绒面结构及腐蚀速率产生不同的效果。下面分别进行分析与说明。

（1）溶液配比

当 HF 和 HNO$_3$ 的体积配比差异较大时，硅片表面反射率较高，甚至比未经

过任何处理的多晶硅片还高。随着 HF 和 HNO_3 体积配比的接近，反射率不断下降，当 $HF : HNO_3 : H_2O = 2 : 1 : 2.75$ 时，反射率最低，参见图 4-9。图 4-10 为不同溶液配比所制得的硅片表面形貌，由图可见，当 HF 和 HNO_3 的体积比差异较大时，多晶硅片表面腐蚀坑尺寸较大，形状多为椭圆形或蜂窝形，分布比较均匀。随着 HF 和 HNO_3 体积比的接近，腐蚀坑形状开始向微裂纹状转变。

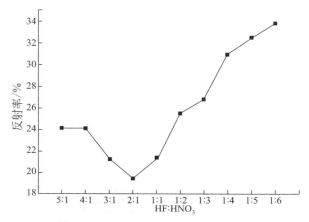

图 4-9 不同 HF/HNO_3 配比制备的多晶硅表面反射率

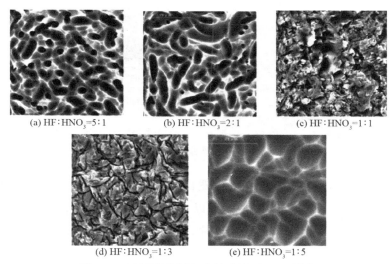

(a) $HF : HNO_3 = 5 : 1$ (b) $HF : HNO_3 = 2 : 1$ (c) $HF : HNO_3 = 1 : 1$

(d) $HF : HNO_3 = 1 : 3$ (e) $HF : HNO_3 = 1 : 5$

图 4-10 不同配比制备多晶硅绒面 SEM 照片

（2）温度

多晶硅的绒面是从损伤层的晶格缺陷处最先开始形成，慢慢布满整个硅片，并最终形成腐蚀坑。由于腐蚀反应是一个放热反应，反应温度会快速上升，随着温度升高，反应速率成指数级增大，反应结果极难控制，生产中将反应温度维持在 10℃ 以下。

（3）绒面形貌

图 4-11 所示为多晶硅片表面绒面从微裂纹到气泡状变化并布满整个表面的过

程。腐蚀反应首先从硅片表面的损伤、缺陷或一些所需激活能少的地方生成微裂纹。这些微裂纹宽约 $1\mu m$，长约 $8\mu m$，见图 4-11(a)。随着反应的进行，微裂纹宽度和深度均慢慢变大，腐蚀坑具有较高的深宽比和较低的反射率，见图 4-11(b)、图 4-11(c)。由于表面损伤、缺陷在腐蚀反应中不断减少，微裂纹横向扩展比纵向扩展更容易，微裂纹变得越来越宽，腐蚀坑的深宽比不断下降，反射率呈上升的趋势。受空间的限制，微裂纹相互吞并并形成内球冠凹坑形状 [图 4-11(d) 腐蚀坑深度约 $2\mu m$，直径可达 $20\mu m$]，表面形貌变得平坦，失去陷光效果。部分研究者认为，在硅与硝酸的反应中，除生成 SiO_2 外，还生成 NO，这是导致硅片表面产生球形腐蚀坑的主要原因。

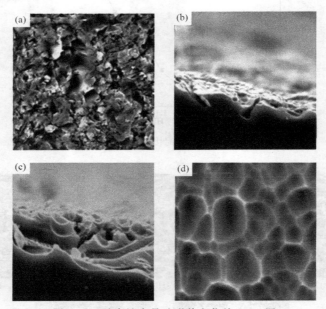

图 4-11　酸腐蚀多晶硅形貌变化的 SEM 图

多晶硅片表面的微裂纹有较高的深宽比，局部反射率较低。但是因为微裂纹所占的面积相对于整片面积来说太小，所以表面整体反射率很高。在腐蚀液的作用下，微裂纹开始扩展，慢慢布满整片硅片。若能保证足够的深宽比，表面反射率会降低，但随着微裂纹合并形成气泡状绒面结构，其深宽比下降。尽管整片多晶硅片表面都形成了气泡状绒面结构，但起不到陷光的作用。

（4）其他因素

多晶硅制绒反应的起始点为表面损伤或缺陷处，平整无损的表面反而无法制绒。从另一个角度来看，多晶硅表面绒面结构受表面状态影响很大，反应结果不易控制。酸性制绒液有除油的效果，因此多晶硅制绒生产对硅片前期表面洁净度要求不高。但酸性制绒液在空气中极易形成氧化层，并在多晶硅片表面产生着色现象，一旦着色将很难清除。因此，生产中多晶硅片在酸洗后和清水漂洗前出水时间不应过长，最好采用在线连续清洗方式。

4.4　生产设备与工艺

4.4.1　单晶硅制绒生产设备

图 4-12 为单晶硅片清洗制绒设备图，单晶制绒设备由进出料系统、传动系统、主体机、抽风系统、电控系统等部分组成。设备具备自动运行与监控功能，可实现对生产过程的实时监控，并可提供自动与手动两种操作模式。设备从功能上可分为制绒与清洗两个模块，共 10 个工艺槽，每个槽体内按照工艺文件配制不同的腐蚀剂，设备可控制反应时间、温度、溶液配比等参数，确保制绒效果，见工艺参数表 4-1、表 4-2。实际生产流程按照"一化一水"的流程进行。

图 4-12　单晶硅片清洗制绒设备和清洗槽（扩散前硅片清洗机）

表 4-1　制绒工艺参数

工艺槽	1#槽	2#槽	3#槽	4#槽	5#槽	6#槽	7#槽	8#槽	9#槽	10#槽
配液	KOH+DIW	KOH+H_2O_2+DIW	DIW	KOH+添加剂+DIW	DIW	KOH+H_2O_2+DIW	HF+HCl+DIW	DIW	DIW	烘干

续表

工艺槽	1#槽	2#槽	3#槽	4#槽	5#槽	6#槽	7#槽	8#槽	9#槽	10#槽
作用	去除金刚线切割痕	清洗，去杂质颗粒	去除碱溶液	制绒	去除碱溶液	碱洗	酸洗			—
温度/℃	70	65	常温	81	常温	65	常温	常温	80	—
时间/s	80	150	100	540	100	150	160	80	110	—
辅助	—	鼓泡	鼓泡	鼓泡	鼓泡	鼓泡	鼓泡	鼓泡	鼓泡	—
注意事项	① 普通制绒液由 NaOH、添加剂按照不同的配比组成； ② 制绒过程中需及时补充 NaOH、添加剂，300 片/次； ③ 制绒过程中应注意防止碎片产生									

注：表中提供参数仅供参考。

表 4-2　清洗工艺参数

工艺槽	1#槽	2#槽	3#槽	4#槽	5#槽	6#槽
配液	HCl	DIW	HF	DIW	DIW	DIW
作用	酸洗，去除 Na^+	漂洗，清洗	酸洗，去除硅片表面 SiO_2	漂洗，清洗	去除金属杂质	喷淋，漂洗，清洗
温度	常温	常温	常温	常温	常温	常温
时间/min	6	5	6	5	5	6
其他	① 清洗后的硅片表面应无水印、花纹，表面脱水； ② 制绒后硅片进入甩干设备进行低温烘干； ③ 绒面要求：制绒后，绒面小而均匀（3～6μm）					

注：表中提供参数仅供参考。

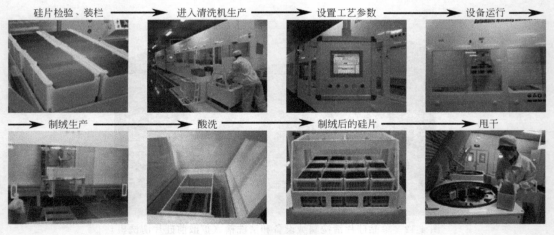

生产操作说明

◆ 装片：将仓库领来的硅片从箱子中取出，检测后插入花篮中，并以200片为一批次做好所有相关记录。
◆ 进篮：将花篮装上压条，放入大花篮中（200片/篮，大花篮放在进料台上），按下"上料确认"键。
◆ 取篮：花篮依次经过机器内所有流程后，从下料台下料，取出大花篮和小花篮压条。
◆ 甩干：硅片放入甩干区甩干，硅片、花篮表面应无水迹。
◆ 绒面检测：取出事先称重的硅片，观察绒面质量是否合格；同时进行称重，确保制绒后的硅片减重在控制范围之内。
◆ 记录：对绒面质量做好记录，真实准确地填写工艺流程单，并确认下个生产批次投片前溶液补充量。

图 4-13　单晶硅片制绒生产流程（拍摄于东莞南玻光伏科技有限公司）

图 4-13 按照单晶片制绒生产流程对主要生产步骤进行简要说明，实际生产中应严格按照岗位标准作业指导书（SOP）来进行生产操作，还应做好生产前准备、生产异常处理工作，了解生产注意事项，具体如表 4-3 所示。

表 4-3　生产预先准备、生产异常处理及其他注意事项

生产准备	
1	按照着装标准正确穿戴无尘服，正确佩戴口罩及手套
2	确保手套没有粘有油脂性物质，如接触过皮肤、头发或者带有油脂的物品，若有接触，请更换手套
3	生产前检查设备外围、供电及工艺参数是否正确
4	确保生产用工具配齐
生产异常处理	
1	来料硅片发现大量不良品种时，通知质检人员（不良种类：大量碎片、大面积油污、大量隐裂）
2	腐蚀量超过规定范围，及时通知工艺人员
3	下料发现硅片不干、硅片表面发白、硅片色差严重，及时通知工艺人员
4	生产过程中机械臂不运动、设备操作界面温度显示异常，及时通知工艺、设备人员
其他注意事项	
1	生产过程中保持设备门窗关闭
2	下料过程中，严禁裸手接触硅片
3	确保手套的洁净度，每插片 400 片更换一次手套，如果出现沾污或是接触过皮肤、头发等带有油脂的物品，请更换手套
4	加液时应佩戴 PVC 手套、防酸碱手套、防护眼罩等，导入制绒槽内时，应均匀平稳地撒入槽内，加液完毕应及时关闭安全门

4.4.2　多晶硅制绒生产设备

多晶硅制绒生产采用通用的链式湿化学腐蚀工艺，具有工艺简单、成本低和产能高的特点。链式湿化学腐蚀工艺利用硅与酸性腐蚀剂的各向同性腐蚀制造凹坑状绒面结构，多晶制绒设备还能同时去除硅片表面线切割留下的损伤层和沾污。早期，国内企业普遍采用的链式酸制绒设备是捷佳创及来自德国的 SCHMID（施密德）和 RENA（瑞耐）两家公司的产品，以下将对这两家公司的设备进行介绍。

SCHMID 公司开发的适用于多晶硅片制绒的设备：酸变形和锯条损伤去除（acid texturing and saw damage removal）。设备采用水平湿法腐蚀工艺（horizontal wet equipment），其传送系统由驱动电机和齿轮构成，利用齿轮传动速度稳定、传送平稳的特点，确保硅片在生产线生产过程中的连续性与稳定性。生产时将硅片水平地放置在滚轮上，由滚轮转动带动硅片进入各工艺槽生产，见图 4-14 和图 4-15。

设备按照生产过程可划分为 9 个功能模块，各模块分别对应不同的工艺槽。按

图 4-14　SCHMID 多晶制绒设备图（由东莞南玻光伏科技有限公司赖海文提供）

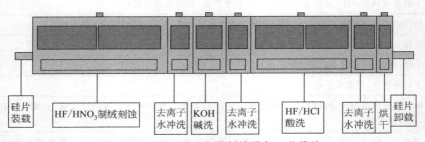

图 4-15　SCHMID 多晶制绒设备工艺模块

照生产的顺序依次为：硅片装载—HF/HNO₃ 制绒刻蚀—去离子水冲洗—KOH 碱洗—去离子水冲洗—HF/HCl 酸洗—去离子水冲洗—烘干—硅片卸载。可参考的生产工艺参数见表 4-4。

表 4-4　SCHMID 设备工艺参数

参数	湿法刻蚀	去离子水冲洗	碱洗	去离子水冲洗	酸洗	串联冲洗	烘干
溶液	HNO_3+HF+DI	≥15MΩ·cm	KOH+DI	≥15MΩ·cm	HF+HCl	≥15MΩ·cm	风刀
配比	3:1:2.7 或 1:2.7:2	—	1/10		5%~10%		
温度	6~10℃	常温	28℃	常温	25℃	常温	35~40℃
时间	90~100s		30~40s	2~4s	60~70s	2~4s	25~35s
其他	滚轮速度：1.4~2m/min； 腐蚀目标：3.0~5.0m/min； HNO_3(65%、电子级)、HF(49%、电子级)、KOH(50%、电子级)、HCl(37%、电子级)、DI 水(大于 15MΩ·cm,6bar)、冷却水(4bar)、压缩空气(6bar,除油,除水,除粉尘)、排风(0.01bar)、环境温度 20~30℃、相对湿度 40%~65%。						

注：1. 表中提供参数仅供参考。

2. 1bar＝10^5Pa。

图 4-16　RENA 多晶制绒设备图

（由东莞南玻光伏科技有限公司赖海文提供）

图 4-16 是 RENA 公司开发的 InTex 系列——Inline Texture Etching 湿法刻蚀设备，它适用于单晶、多晶硅片制绒生产。设备采用湿法化学链式腐蚀工艺，通过湿法化学腐蚀的方法去除硅片表面损伤层、油污、金属杂质等污染物，并形成绒面结构增强表面的吸光性。RENA Intex 设备分为 10 个功能模块，实际生产时按照上料—腐蚀制绒—风刀—冲洗—碱洗—冲洗—酸洗—冲洗—风刀—下料的流程运行，生产工艺运行参数见表 4-5。

表 4-5　RENA 设备工艺参数

参数	输入	刻蚀槽	烘干 1	去离子水冲洗 1	碱洗	去离子水冲洗 2	酸洗	去离子水冲洗 3	烘干 2	输出
溶液	上料	HNO₃＋DI＋HF	风刀	DI	KOH＋DI	DI	HF＋HCl＋DI	DI	风刀	下料
配比		1∶1.37∶2			1∶20		3∶8∶20			
温度		(8±2)℃	20℃	20℃	(20±4)℃	20℃	(20±2)℃	20℃	20℃	
其他	滚轮速度：0.9～1.1m/min 腐蚀比：2.0～2.5μm/min 车间环境要求：温度(20±2)℃、洁净度 10 万级、湿度≤50% 外围设施要求 　纯水：电阻率≥15MΩ·cm、压力≥3bar 　循环冷却水：温度≤18℃、进出水压差≥3bar 　压缩空气：压力≥6bar 设备设施要求 　风刀压力：≥150m³/h 　漂洗槽进水流量：≥600L/h									

注：1. 表中提供参数仅供参考。

　　2. 1bar＝10^5Pa。

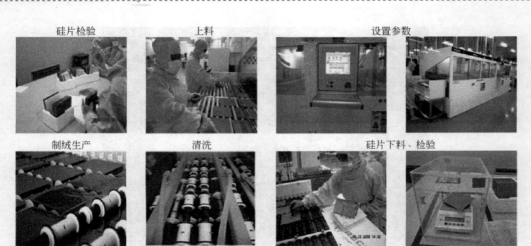

图 4-17　多晶制绒生产流程图（拍摄于海润光伏科技有限公司）

　　图 4-17 是多晶片制绒生产流程图，该图对主要生产步骤进行简要说明，实际生产中应严格按照岗位标准作业指导书（SOP）来进行生产操作，还应做好生产前准备，了解生产注意事项，具体如表 4-6 所示。

表 4-6　插片工艺、腐蚀清洗过程及操作注意事项

插片	
主要原材料：合格的多晶硅片	
工装、设备：片架（小花篮）、清洗花篮、美工刀	
工艺过程	
1	穿戴好工作服、工作帽、口罩和一次性手套
2	准备好片架、装片记录表以及工序流程卡
3	查看配料单，确认原材料信息以及数量，并填写装片记录和工序流程卡
4	检查硅片包装箱确认包装无撞击破损后打开，取出硅片包装盒，在装片记录上记录相关信息
5	打开硅片包装盒，从中抽取一片，按照检验标准分别检查其外观
6	取出包装盒内的硅片，并撑成扇形轻轻插入片架内
7	将装好硅片的片架分批按顺序整齐摆放在台面上，并将工序流程卡记录准确
8	将片架放入清洗花篮中，每个清洗花篮中放置 3×4 个插片后的片架，准备下一步腐蚀清洗
腐蚀清洗	
开机：打开氮气阀门、压缩空气阀门、纯水阀门，打开总电源→PLC 电源→各分电源	
准备工作	
1	确认各机械手是否在原点位置
2	确认各槽清洗状态正常，各槽内按工艺条件正确配液，见《清洗配液作业指导书》
3	确认各槽排水阀关闭，无漏液等，各槽内注入规定的溶液
4	确认各槽控制系统工作正常，程序准确，参数设定准确
5	点检各设备动力参数在规定范围内
关机：①关机前先把水及药液完全排出（各槽逐个排液，防止副槽水溢流），把机械手打回原点；②关闭各分电源→PLC 电源→总电源→氮气阀门、压缩空气阀门、纯水阀门	

续表

工艺过程	
1	酸腐蚀制绒:8 槽清洗机中的第 1 槽,工作温度(7±1)℃,时间(120±10)s(时间长短根据硅片减薄量控制,156 硅片减薄量控制在每片 0.40～0.55g
2	漂洗/喷淋:8 槽清洗机中的第 2 槽,水洗时间 2～5min
3	KOH 碱洗:8 槽清洗机中的第 3 槽,KOH 浓度 2.4%,时间 6～12s
4	漂洗:8 槽清洗机中的第 4 槽,水洗时间 2～4s
5	HCl 酸洗:8 槽清洗机中的第 5 槽,HCl+HF 浓度 5%～10%,时间 2～4s
6	漂洗:8 槽清洗机中的第 6、7 槽,漂洗时间 2～4s
7	喷淋:8 槽清洗机中的第 8 槽,喷淋时间 1～3s
操作注意事项	
1	操作时,必须按酸、碱清洗要求穿戴好相关的个人防护用品
2	定时检查各槽内的实际温度,温度要在正确范围内,否则汇报工序负责人解决
3	每一批抽一片观察绒面,发现异常情况及时解决,解决不了的及时反馈
4	抽取片子时,用手在片架的 H 面将片子从片架的底部托起,用另一只手夹住片子两边缘将片子取出,尽量不要用手指接触片子的表面
5	操作时必须安全使用化学试剂及安全使用清洗机。若皮肤沾到化学试剂则立刻用大量水冲洗,严重的要立即就医
6	按规定补充和更换制绒槽内的药液、溢流槽内的溢流水,保证槽内无碎片、无沾污(将槽放满水后排空,循环冲洗 1～2 次)
7	在硅片准备进行制绒前,制绒槽温度必须在规定范围内
8	初始配制的制绒液或者停止生产 2h 以上的制绒液需要活化才能继续进行生产,活化方法是利用返工硅片,按照制绒工艺流程运行一次,将制绒液化学性能活化
9	在接触硅片、片架、花篮等需要保持干净的物品时需要戴好一次性手套

4.5　检测方法

清洗制绒后的检测方法都较为简单,因此仅列出产线上常见检测项目及出现问题的相关应对方法。

4.5.1　正常片生产过程控制

(1) 制绒后减重测量

数量:8 片/组（RENA）或 5 片/组（SCHMID）,400 片。

方法:计算每片的减重,小数点后保留 3 位,流程单上记录一组中减重最小和最大的相关数据。

(2) 反射率测量

数量:1 片/组（400 片）。

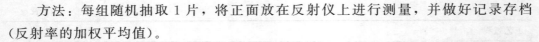
方法：每组随机抽取 1 片，将正面放在反射仪上进行测量，并做好记录存档（反射率的加权平均值）。

异常控制：所测数据超出工艺范围 24％～32％，通知工艺工程师做出相应的调整。

（3）绒面拍摄

数量：1 片/组（400 片）。

方法：每 10 组随机抽取 1 片，将正面放在显微镜下拍摄微观图片，并与每组的减重、反射率相对应。

4.5.2　常见异常及解决办法

产线上常见的单、多晶硅片制绒异常可参考表 4-7。

表 4-7　常见异常及解决办法

检测项目	异常结果	危害	解决方法
肉眼观察	表面有严重暗纹	影响电池片转换效率	溶液使用大于 8h，连续较多篮硅片制绒后表面出现较严重暗纹时，可要求车间进行换液处理；当制绒时间小于 8h，同时表面又产生较多暗纹时，可在补加过程适当降低氢氟酸的过程补加，如将正常的氢氟酸：硝酸(8L：8L)，调整为 0L：8L
光学显微镜观察	局部未出绒或出绒不完全	增大反射率，影响转换效率	对已经出现局部未出绒或出绒不完整的硅片，按正常制绒工艺进行返工处理，若返工良好，直接释放处理；如返工异常，暂停该批硅片
称重	制绒去重大于 0.70g	硅片变薄，导致硅片经后续加工，硅片碎片率较正常硅片增加	根据制绒实际去重，适当降低制绒时间，一般以 20s 为单位进行。对于已完成制绒的硅片，当制绒去重小于等于 1.1g，均可进行直接释放处理
	制绒去重小于 0.45g	硅片经制绒处理，硅片表面损伤去除未完全，导致加工制得的电池片低效	当硅片制绒去重小于 0.45g 但大于等于 0.40g 时，直接释放该批硅片，同时对该批硅片不需做任何特殊处理，要求制绒段操作员工适当增加制绒时间，一般以 20s 为单位进行；当硅片制绒去重小于 0.40g，进行制绒返工，返工时间为 120s

复习思考题

1.生产太阳电池所用的硅片按照结晶不同与载流子类型有哪些类型？

2.硅片制绒的目的是什么？

3.生产过程中进入制绒间有哪些注意事项？

4.清洗硅片的超纯水的指标有哪些？

5.请写出单晶硅片湿化学制绒的化学反应式，并作简单说明。

6.请写出多晶硅片湿化学制绒的化学反应式，并作简单说明。

7.制绒后的硅片如何检测光学性能？对硅片表面绒面有哪些要求？

8.硅片湿化学车间常用化学品有哪些？进出车间应做哪些防护工作？

9.氢氟酸的性能与危害有哪些？如何防范？

10.常规多晶硅制绒生产流程包括哪些？

参考文献

[1] Abbott M，Cotter J. Optical and electrical properties of laser texturing for high-efficiency solar cells. Progress in Photovoltaics：Research and Applications，2006，14（3）：225-235.

[2] Winderbaum S，Reinhold O，Yun F. Reactive ion etching（RIE）as a method for texturing polycrystalline silicon solar cells. Solar Energy Materials and Solar Cells，1997，46：239-248.

[3] Inomata Y，Fukui K，Shirasawa K. Surface texturing of large area multicrystalline Si solar cells using reactive ion etching method，Sol Energy Mater Sol，Cells，1997，48（Ⅱ）：237-242.

[4] Nositschka W A，Voigt O，Manshanden P，Kurz H. Texturisation of multicrystalline silicon solar cells by RIE and plasma etching. Solar Energy Materials and Solar Cells，2003，80（2）：227-237.

[5] Zin N S，Blakers A，Weber K. RIE-induced carrier lifetime degradation. Progress in Photovoltaics：Research and Applications，2010，18（3）：214-220.

[6] Dekkers H F W，Duerinckx F，Szlufcik J，Nijs J. Silicon surface texturing by reactive ion etching. Opto-Electronics Review，2000，8（4）：311-316.

[7] Zolper J C，Narayanan S，Wenham S R，Green M A. 16.7% efficient，laser textured，buried contact polycrystalline silicon solar cell. Applied Physics Letters，1989，55（22）：2363-2365.

[8] Morikawa H，Niinobe D，Nishimura K，Matsuno S，Arimoto S. Processes for over 18.5% high-efficiency multi-crystalline silicon solar cell. Current Applied Physics，2010，10(2)：S210-S214.

[9] 沈辉，曾祖勤. 太阳能发电技术. 北京：化学工业出版社，2005.

[10] 赵汝强，江得福，李军勇，梁宗存，沈辉. 采用正交实验优化单晶硅太阳电池表面织构化工艺. 材料研究与应用，2008，2（4）：441-446.

[11] 刘传军，赵权，刘春香，杨洪星. 硅片清洗原理与方法综述. 半导体情报，2000，37（2）：30-36.

[12] 张厥宗. 硅片的化学清洗技术. 洗净技术，2003（6M）：27-31.

[13] 郎芳，刘伟，孙小娟，王志国，张红妹. 多晶硅表面绒面的制备及优化. 电气技术，2009（8）：117-119.

[14] 赵汝强，曾广博，李军勇，梁宗存，沈辉. 多晶硅太阳电池表面酸腐蚀织构化工艺的研究. 第十届中国太阳能光伏会议论文集，2008.

[15] 席珍强，杨德仁，吴丹，张辉，陈君，李先杭，黄笑容，蒋敏，阙端麟. 单晶硅太阳电池表面织构化. 太阳能学报，2002，23（3）.

[16] 金井升. 基于金刚线锯切割多晶硅片的高效太阳电池研究. 广州：中山大学，2018.

[17]　Hao Ge. Development of high efficiency SHJ poly-Si passivating contact hybrid solar cells. Delft University of Technology，2017.

[18]　柳锡运. 太阳电池单晶硅绒面制备及应用. 广州：华南理工大学，2006.

[19]　Goodrich A，Hacke P，Wang Q，Sopori B，Margolis R，James T L，Michael Woodhouse. A wafer-based monocrystalline silicon photovoltaics road map：Utilizing known technology improvement opportunities for further reductions in manufacturing costs. Solar Energy Materials and Solar Cells，2013，114（Complete）：110-135.

第 5 章

硅片掺杂工艺

掺杂是半导体器件制备的核心工艺之一。工业上常用的掺杂工艺主要有离子注入、热扩散、合金化及化学气相沉积等。对于晶体硅太阳电池来说，热扩散是最常用的生产工艺技术。热扩散工艺的主要目的就是形成 p-n 结，而扩散的主要原理就是基于扩散定律，温度与源的量是扩散过程最重要的工艺参数。本章主要系统介绍晶体硅太阳电池的扩散原理、扩散均匀性的管控、基本设备以及生产工艺。

5.1 工艺目的

晶体硅太阳电池生产过程中，硅片掺杂工艺及相应的后处理工序主要目的有三个：①通过杂质补偿过程，形成太阳电池核心部分 p-n 结；②去除硅片四周边缘形成的 p-n 结，隔绝漏电区；③去除硅片在扩散过程形成的磷硅玻璃（phosphorous silicate glass，PSG）。在 p 型晶体硅片的扩散过程中，通常使用磷（P）源进行扩散。在扩散工序中，将硅片背靠背放置在扩散炉石英管中的石英支架上，扩散最高温度接近 900℃。磷原子将进入硅片的表面和边缘并形成 p-n 结。硅片边缘的 p-n 结，会造成太阳电池边缘漏电并短路，为使电池正常工作，需将这部分去除掉。

太阳电池常用的扩散炉的主要部分是水平石英管，硅片垂直放置在石英管内特定的支架上。所配备的气体有氧气（O_2）、氮气（N_2），n 型扩散源通常都选用三氯氧磷（$POCl_3$）。其中 O_2、N_2 都是 99.9999% 的纯度，而高纯的 $POCl_3$ 是液体，有毒性，通过氮气携带进入石英管用于扩散。在高温驱动下，P 原子会进入硅片内部取代晶格上 Si 原子，控制一定的时间就会在 p 型硅片表面形成 n 型层。这两个过程的化学反应式如下：

$$4POCl_3 + 3O_2 \longrightarrow 2P_2O_5 + 6Cl_2 \uparrow \qquad (5-1)$$

$$2P_2O_5 + 5Si \longrightarrow 5SiO_2 + 4P \downarrow \qquad (5-2)$$

如化学反应式（5-1）所示，在扩散过程中由于氧气的通入，$POCl_3$ 分解产生 P_2O_5 沉积在硅片表面，反应式（5-2）表示 P_2O_5 与 Si 反应生成 SiO_2 和 P 原子，就在硅片表面形成一层含 P 原子的 SiO_2，称为磷硅玻璃。磷硅玻璃是绝缘体，在电极印刷的过程中，会影响到金属电极和硅片的接触，并降低电池的转换效率。同时，磷硅玻璃的存在使得硅片在空气中容易受潮，玻璃层中还含有多层金属离子杂质，成为载流子的复合中心并降低少子寿命。磷硅玻璃的存在还会使得后续 PECVD 工艺硅片产生色差，使氮化硅镀膜脱落，降低电池的转换效率。因此，为了电极和硅片形成良好的欧姆接触，减少光的反射，在沉积减反射膜之前，必须把磷硅玻璃去除掉。

5.2　工艺原理

5.2.1　热扩散机制

　　晶体硅太阳电池的扩散工艺，是指在高温下通过化学反应，使掺杂源原子从高浓度的掺杂源向硅片中扩散，从而形成一定的掺杂原子浓度分布。图 5-1 为空位扩散、间隙扩散及替位扩散三种扩散类型的示意图，其中黑色为 Si 的晶格原子，灰色为掺杂原子。晶体原子在理想情况下是整齐排列在各自的晶格位置处，在高温下，原子会在平衡位置处发生振动，振动达到一定程度时，原子就能克服周围原子的作用离开晶格所在位置迁移到间隙中间或其他原子位置，从而产生一个空位。当掺杂原子迁移到空位晶格位置，这种扩散称为空位扩散，如图 5-1 中 C 所示；晶体中的原子并不是紧密排列的，原子与原子之间有一定的空隙，当掺杂原子运动到晶格原子之间的空隙处，这种扩散方式叫作间隙扩散，如图 5-1 中 A 所示。当掺杂原子从晶格附近的一个位置迁移到晶格位置，代替原先的 Si 原子，这种扩散称为替位扩散，如图 5-1 中 B 所示。

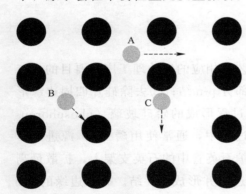

图 5-1　三种热扩散类型的掺杂示意图
A—间隙扩散；B—替位扩散；C—空位扩散

5.2.2　磷掺杂

　　三氯氧磷（$POCl_3$）是目前磷扩散用得较多的一种杂质源，它是无色透明液体，具有刺激性气味，其密度为 $1.67g/cm^3$，熔点 2℃，沸点 107℃，在潮湿空气中发烟。$POCl_3$ 极易水解、挥发，高温下蒸气压很高，易爆炸。为了保持蒸气压的稳定，通常是把源瓶放在 0℃ 的冰水混合物中。三氯氧磷有毒性，换源时应在抽风厨内进行，且不要在尚未倒掉旧源时就用水冲，这样易引起源瓶炸裂。

　　三氯氧磷（$POCl_3$）在高温下（＞600℃）分解生成五氯化磷（PCl_5）和五氧化二磷（P_2O_5），反应式可见式（5-3）与式（5-4）。生成的 P_2O_5 在高温下与硅反应，生成二氧化硅（SiO_2）和磷原子，并在硅片表面形成一层磷硅玻璃，磷原子再向硅中进行扩散，如图 5-2。

$$5POCl_3 \xrightarrow{>600℃} 3PCl_5 + P_2O_5 \tag{5-3}$$

$$2P_2O_5 + 5Si \longrightarrow 5SiO_2 + 4P \tag{5-4}$$

$$4PCl_5 + 5O_2 \longrightarrow 2P_2O_5 + 10Cl_2 \uparrow \tag{5-5}$$

$$4POCl_5 + 3O_2 \longrightarrow 2P_2O_5 + 10Cl_2 \uparrow \tag{5-6}$$

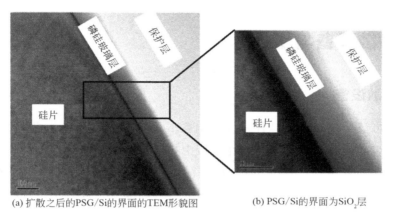

(a) 扩散之后的PSG/Si的界面的TEM形貌图   (b) PSG/Si的界面为SiO$_2$层

图 5-2 扩散示意图

从反应式（5-3）～式（5-6）可知，若要 $POCl_3$ 完全分解，则需通入足量的氧气，否则反应生成物 PCl_5 不易分解，并腐蚀硅片。但在通氧的情况下，PCl_5 会分解成 P_2O_5 并放出氯气。生成的 P_2O_5 又可与硅反应，产生磷原子。因此，在扩散时必须通入一定流量的氧气。$POCl_3$ 液态源扩散方法具有生产效率较高，得到 p-n 结均匀、平整和扩散层表面良好等优点，这对于制作具有大面积 p-n 结的太阳电池是非常重要的。在企业生产中常按照"两步扩散法"进行，如图 5-3 所示。

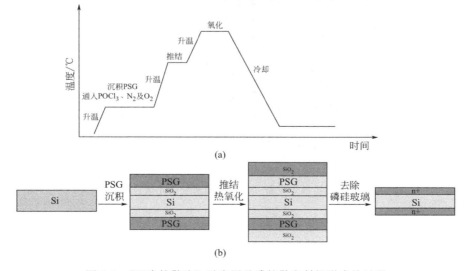

图 5-3 "两步扩散法"示意图及磷扩散发射极形成的过程

① 预淀积扩散,即 PSG 沉积步骤。较低的扩散温度,硅片始终处于饱和杂质气氛中,整个扩散过程硅片表面杂质浓度不变,被称为恒定表面源扩散,扩散杂质呈余误差分布。

② 再分布扩散,即将 PSG 中的磷原子推入硅片中。较高的扩散温度,在无外来杂质气氛和富氧气氛中进行,整个扩散过程硅片表面杂质浓度随时间变化,被称为有限表面源扩散,扩散杂质呈高斯分布。

5.3　扩散设备与工艺

5.3.1　扩散设备

磷扩散广泛应用于 p 型硅片衬底上制备 n 型掺杂层。因为扩散工艺要求高温,所以扩散前表面的清洁非常重要,在工厂中扩散车间的洁净度等级最高,要求达到1000 级。POCl₃ 扩散时,将需要扩散的硅片放置于石英舟中,然后进入石英管中加热并保持工艺温度稳定。扩散过程中通入氧气和氮气,通常用少量的氮气鼓泡的方式携带磷源进入扩散管内。管式扩散炉的优势是洁净程度高,而且在加热过程中没有接触金属材料也没有空气流过炉体,尽管采用分批扩散,也可以获得较高的产量。大多生产企业主要采用这种方式进行生产,参见图 5-4 和图 5-5。扩散设备主要性能指标见表 5-1。

图 5-4　捷佳创扩散炉设备(拍摄于润阳悦达光伏科技有限公司)

常用的扩散炉主要由控制柜、推舟净化台、电阻加热炉、气源柜四个部分组成,它们的构造与功能介绍如下。

控制柜:整个控制柜分为五层,包括计算机控制部分和上层、中上层、中下层

控制柜　　推舟净化台　　　　　　气源柜　　加热装置

图 5-5　实际使用的扩散炉结构图（拍摄于海润光伏科技有限公司）

及下层四个独立部分，每层控制对应层的推舟、炉温及气路部分，是扩散/氧化系统的控制中心。在控制柜的底层，安装有四管控制系统的推舟控制装置、保护电路及电路转接控制板，前盖板上装有三相电源指示灯及照明、净化、抽风开关等。

推舟净化台：推舟净化台的顶部装有照明灯，正面是水平层流的高效过滤器及四层推舟的丝杠、导轨副传动系统及 SiC 悬臂桨座，丝杠的右端安装有驱动步进电机，导轨的两端是限位开关。柜子的下部装有控制电路转接板及净化用风机。顶部设有抽风口，与外接负压抽风管道连接后，可将工艺过程残余的废气带走。中间部分分四层放置四个炉管，每层由四个坡面支架托起并固定住炉管，其位置在安装时已经与推舟送片机构、丝杠、导轨副调好对中，因此切不可轻易挪动。

表 5-1　扩散设备主要性能指标

性能指标	参数范围
炉膛有效内径	适用于 5～6in 方片
温度控制方式	串级控制：5 段智能串级温度控制器＋5 点内热偶控温
恒温区长度及精度（动态，即模拟工艺状态）	串级控制：800～1100℃，≤±0.5℃/1280mm；400～799℃，≤±1℃/1280mm
温度稳定性	串级控制：≤±0.5℃/24 h(870℃)
温度斜变能力	a. 最大可控升温速率：16℃/min b. 最大降温速率：6℃/min c. RT→900℃≤45 min
外形尺寸($L×W×H$)/mm	6510×1648×3835(五管)；6510×1648×3305(四管) 具有自动斜率升温及恒温功能；具有完善的超温、断偶、短路、断气报警保护
送舟方式	采用 SiC 悬臂桨自动送片机构，舟速 1～1000mm/min 连续可调；舟定位精度≤±0.5mm；最大承载质量为 18kg；软着陆工艺方式，工艺过程中 SiC 悬臂桨外置
其他	装片：最大 1000 片/批 尾气处理方式：尾部集中收集，冷凝气液分离后定向排放 最大升温功率：38kW/管 保温功率：12kW/管 炉管数：5 管/台，4 管/台，3 管/台，2 管/台

注：1in＝2.54cm。

电阻加热炉：电阻加热炉共有六层。顶层配置有水冷散热器及排热风扇、废气室。

气源柜：气源柜分为五层，顶部设置有排毒口，用以排除在换源过程中泄漏的有害气体。柜顶设置有三路工艺气体及一路压缩空气的进气接口，接口以下安装有减压阀、截止阀，用以对进气压力进行控制及调节。对应于气路，各层分别装有相应的电磁阀、气动阀、过滤器、单向阀、质量流量控制器及源瓶冷阱等。柜子的底部装有质量流量控制器电源、控制开关、保险等电路转接板以及设备总电源进线转接板。

5.3.2　扩散工艺流程

图 5-6 及表 5-2 所示为扩散生产流程。下面具体介绍启动工艺到结束工艺间的工艺步骤。

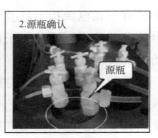

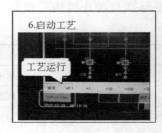

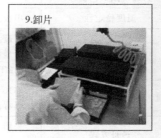

图 5-6　扩散工艺流程图（拍摄于海润光伏科技有限公司）

① 进舟，待扩散的硅片插在石英舟上，碳化硅桨将石英舟送入石英管内；出桨，将硅片送到炉管内后桨退出炉管。控制点：进舟，推舟速度，炉管初始温度。

硅片急剧升温过程中，由于边缘比中心部分温度升得快，硅片径向产生很大温度梯度，并由此产生很大的热应力，导致位错与形变。

表 5-2 典型的磷扩散工艺

步骤	时间/s	左温区/℃	中温区/℃	右温区/℃	大 N_2/(mL/min)	小 N_2/(mL/min)	大 O_2/(mL/min)	小 O_2/(mL/min)	压强/Pa	扩散工艺
1	700	740	740	740	5000	0	0	0	1060	—
2	600	757	737	743	2000	0	0	0	300	
3	180	757	737	743	1000	0	0	1000	300	
4	300	767	747	753	1000	300	0	300	300	沉积
5	300	772	752	757	1000	300	0	300	300	
6	300	777	757	760	1000	300	0	300	300	
7	100	855	855	855	0	0	0	0	300	推结
8	100	865	865	865	0	0	0	0	300	
9	100	865	865	865	1000	0	0	1000	300	氧化
10	300	700	700	700	5000	0	0	0	1060	—
11	870	700	700	700	5000	0	0	0	1060	
12	10	740	740	740	5000	0	0	0	1060	

② 升温，把石英管温度升到扩散温度附近；将炉管温度稳定在一个数值。控制点：稳定、温度、气流。

③ 通氧，管内的氧气过量且均匀分布，使步骤④通入的 $POCl_3$ 能均匀反应，保证管内扩散具有均匀性，同时在硅片表面形成 SiO_2 层，保证片内扩散具有均匀性。扩散前先长一层氧化膜的目的与作用：a. 在后续湿法过程中，HF 能够有效去除 PSG；b. 氧化膜有一定的阻挡作用，有效控制磷原子在硅中扩散的深度；c. 起到滤板作用，使磷扩散得更均匀。

④ 扩散，或称"预沉积"，通入少量 N_2 携带进 $POCl_3$，与 Si 反应置换出 P 原子，从而在表面形成 n＋层；在硅片表面形成一层磷-硅玻璃，然后磷原子再向硅中进行少量扩散。

⑤ 再分布，通过高温，将表面的 P 原子扩散到硅片内部。控制点：升温推进扩散，温度差控制均匀性。

⑥ 推进，通过控制温度将淀积在硅片表面的 P 原子推进到硅片内部，形成预定深度的结深。控制点：关源，降温，通氧推进扩散。

⑦ 出舟，碳化硅桨将石英舟退出石英管，扩散完毕。

5.3.3 扩散工艺注意事项

① 扩散涉及的有毒气体有三氯氧磷、三氯乙烷、氯气等。有毒气体一旦泄漏，会有刺激性气味产生，这时应迅速离开现场并通知设备工程师。

② 扩散炉换源以及石英管清洗时，按照要求穿戴防化服等防护用具。

③ 扩散炉外的托盘内有偏磷酸，具有腐蚀性，不要直接接触。沾染后要用大

量清水冲洗。

5.4 刻蚀工艺

5.4.1 刻蚀技术分类

如图 5-7 所示，目前的工业生产中有两种方法可以完成刻蚀与二次清洗，即干法刻蚀、湿法刻蚀。干法刻蚀利用气体高频辉光放电反应，使反应气体激活成活性粒子，如原子或游离基，这些活性粒子扩散到需要刻蚀的部分，并与被刻蚀材料进行反应，形成挥发性生成物而被去除。它的优势为各向异性好，可控性、灵活性、重复性好，无化学废液，处理过程未引入污染，洁净度高，刻蚀速率快以及物理形貌良好。

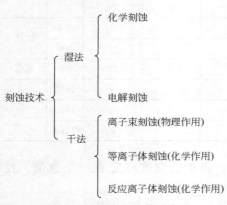

图 5-7　刻蚀技术分类示意图

湿法刻蚀利用溶液与预刻蚀材料之间的化学反应来除去被刻蚀材料部分而达到刻蚀目的。目前多采用 HNO_3-HF 混酸体系，利用 HNO_3 的强氧化作用将 Si 氧化成 SiO_2，再利用 HF 去除硅片表面的 SiO_2，从而达到刻蚀的效果。湿法刻蚀的优势为设备简单，自动化流水线生产，产量高，并且具有很好的刻蚀选择比，重复性好。干法、湿法刻蚀区别可参见图 5-8。

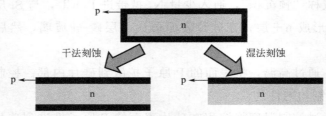

图 5-8　干法刻蚀与湿法刻蚀示意图

（1）干法刻蚀机理

干法刻蚀工艺主要包括激光刻蚀与等离子刻蚀两种。

① 激光刻蚀。利用高能量聚焦激光束沿着烧结后电池片正面近侧端周边照射一圈，使被照射区域熔化、气化，在电池片正面近侧端周边刻蚀出一定深度的凹槽，从而实现将电池片上下电极分开的目的。该方法欧洲企业使用较多，国内光伏企业只有个别使用。

② 等离子刻蚀。这是国内大多数企业采用的工艺方法。其原理是利用高频辉

光放电反应，使反应气体 CF_4 在高能量的电子碰撞作用下分解成多种中性基团或离子：CF_3，CF_2，CF，F，C。

这些活性粒子由于扩散作用或在电场的作用下到达 SiO_2 表面，并在表面上发生化学反应：

$$\left.\begin{array}{l} CF_4 \longrightarrow C+4F \\ 4F+Si \longrightarrow SiF_4 \\ 2C+O_2 \longrightarrow 2CO \end{array}\right\} \tag{5-7}$$

在 CF_4 气体中加入少量氧气，会提高气体对硅和二氧化硅的刻蚀速率。氧气与碳原子生成 CO_2 的反应，从等离子体中去掉一些碳，从而增加了 F 的浓度，使之成为富氟等离子体。等离子刻蚀反应的实质是打破 $C—F$、$Si—Si$ 键，形成挥发性 $Si—F$ 硅卤化物，这样硅片就能够达到刻蚀去边结的目的，总的反应式为：

$$CF_4 + SiO_2 \longrightarrow SiF_4 + CO_2 \tag{5-8}$$

（2）湿法刻蚀机理

湿法刻蚀依然利用硅与酸各向异性腐蚀的特点，采用的化学试剂有 HF、HNO_3、NaOH、H_2SO_4 及 KOH。我们利用 HF、HNO_3 腐蚀边缘 p-n 结和清除磷硅玻璃，利用 KOH（NaOH）中和多余的酸并去除硅片表面的多孔硅。加入的 H_2SO_4 并不参与腐蚀反应，其作用是增加氢离子浓度，加快反应进行，增加溶液黏度和溶液浓度。利用酸液进行刻蚀的过程仍可以看成两步：

① 硅的氧化。HNO_3/HNO_2 将硅氧化成 SiO_2（主要是 HNO_2 将硅氧化），生成 NO 或 NO_2。NO 或 NO_2 与水反应，生成 HNO_2，HNO_2 很快地将硅氧化成 SiO_2。只要有少量的 NO_2 生成，就会和水反应变成 HNO_2，只要少量的 NO 生成，就会和 HNO_3、水反应，很快生成 HNO_2，HNO_2 会很快地将硅氧化，生成 NO，以此往复，最终 HNO_3 被还原成氮氧化物，而硅片最终也被完全氧化，反应如式（5-9）～式（5-13）所示。

$$Si + 4HNO_3 \longrightarrow SiO_2 + 4NO_2 \uparrow + 2H_2O \text{（慢反应）} \tag{5-9}$$

$$3Si + 4HNO_3 \longrightarrow 3SiO_2 + 4NO \uparrow + 2H_2O \text{（慢反应）} \tag{5-10}$$

$$2NO_2 + H_2O \longrightarrow HNO_2 + HNO_3 \text{（快反应）} \tag{5-11}$$

$$Si + 4HNO_2 \longrightarrow SiO_2 + 4NO + 2H_2O \text{（快反应）} \tag{5-12}$$

$$HNO_3 + 2NO + H_2O \longrightarrow 3HNO_2 \text{（快反应）} \tag{5-13}$$

② SiO_2 的溶解。SiO_2 生成以后，很快与 HF 反应，生成四氟化硅气体和水，四氟化硅和水化合氟硅酸进入溶液。最终刻蚀掉的硅以氟硅酸的形式进入溶液，反应如式（5-14）～式（5-16）所示。

$$SiO_2 + 4HF \longrightarrow SiF_4 \uparrow + 2H_2O \tag{5-14}$$

$$SiF_4 + 2HF \longrightarrow H_2SiF_6 \tag{5-15}$$

$$SiO_2 + 6HF \longrightarrow H_2SiF_6 + 2H_2O \tag{5-16}$$

5.4.2　干法刻蚀设备与工艺

（1）干法刻蚀设备

干法刻蚀设备主要用于太阳电池周边掺杂硅的刻蚀，也可用于半导体工艺中多晶硅、氮化硅的刻蚀和去胶。下面以中国电子科技集团公司第四十八研究所的等离子体刻蚀机为例进行讲述，如图 5-9 所示。设备由反应室、真空系统、气路系统、电气控制系统、射频电源和阻抗匹配器等部分组成。反应室采用立式结构，射频功率通过电感耦合到反应室内，同时基片采用旋转方式，保证了周边刻蚀的均匀性。反应室内配有一套吊篮式片架，装卸片方便、可靠，此外还可根据需要配备多种不同规格的片架。

图 5-9　中国电子科技集团公司第四十八研究所刻蚀机

图 5-10 所示为干法刻蚀设备的反应室结构图。其中，真空系统采用旋片式机械泵，具有主抽和预抽两路抽气管路，既保证本底抽空的时间，又使气氛扰动减小，减少粉尘扬起，保证基片清洁。气路系统由两路质量流量计、三路浮子流量计、进口电磁阀和气管组成。工艺气体由质量流量计控制流量，可靠性高，重复性好。电磁阀控制气体进入反应室的通断。

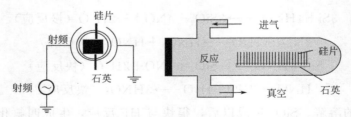

图 5-10　反应室结构示意图

电气控制系统具有手动、自动两种完全独立的控制方式。在手动状态下，各个部件的动作均由面板开关完成。在自动状态下，盖上反应室的上盖板后，只需按下"运行"按钮，整个刻蚀过程将自动完成，这样既节省了人力，又能保证批间的重复性。不管是手动状态还是自动状态，工作压力都是自动控制。这不但能保证整个工艺过程中压力稳定，而且克服了以往用大流量工艺气体来保证工作压力的缺点，降低了成本，提高了产量。所有电气元件均采用插拔式，便于维修和更换。

采用工业上应用比较成熟的 13.56MHz 射频电源频率，并具有稳定的输出功率，同时配有阻抗匹配器保证射频输出功率几乎完全耦合到反应室内，达到高效、快速、稳定的刻蚀效果，满足生产线上的要求。设备主要技术指标见表 5-3。

表 5-3　设备主要技术指标

刻蚀介质	掺杂硅、氮化硅	工作场地外围设施及条件
刻蚀部位	硅片周边	① 环境温度：5～40℃
装片量	300 片/批	② 相对湿度：<70%
射频电源	13.56MHz，100～1000W 连续可调	③ 环境净化等级：优于 10000 级
气路系统	手动、三路浮子流量计，两路质量流量计	④ 大气压强：86～106 kPa
抽气系统	机械泵，工作压力自动控制	⑤ 电源：三相交流 380V（±10%），频率 50Hz（±1%）
载片架旋转	0～30r/min 可调	⑥ 提供 CF_4、O_2、N_2 三种工艺气体，气体压力为 0.1～0.2MPa
刻蚀速率	Si_3N_4：50nm/min 掺杂硅：200nm/min	⑦ 压缩空气：0.4～0.2MPa
批间时间	25min	⑧ 三相+中相+地线，有良好的接地点，接地电阻小于 4Ω；高频电源拥有独立的地线，电阻小于 0.3Ω
电源	3N，380V，50Hz，3.5kV·A	⑨ 排废、排气：反应室架、机械泵上均要求有负压抽气口；总抽气速率≥2000L/min
周边刻蚀不均匀性	±5%	

（2）干法刻蚀工艺与流程

等离子工艺流程如图 5-11 所示，其具体时间参数和工艺参数分别如表 5-4 和表 5-5 所示。

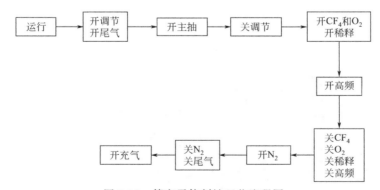

图 5-11　等离子体刻蚀工艺流程图

工业上去磷硅玻璃采用的设备为去磷硅玻璃清洗机，设备的工艺过程为：上料→HF 酸洗→纯水漂洗→纯水漂洗→纯水漂洗→下料→甩干，具体工艺参数如表 5-6 所示。

表 5-4　等离子体刻蚀时间参数设置

预抽	120s	辉光	720s
主抽	120s	清洗	60s
送气	180s	充气	30s

表 5-5　等离子体刻蚀工艺参数设置

工艺压力	100Pa	辉光功率	600W
氧气流量	30mL/min	CF_4 流量	250mL/min
压力偏差量	20Pa	变频电机转速率	12.5Hz

表 5-6　去磷硅玻璃工艺参数

工艺槽	工序	辅助	处理液	时间	温度	材质	浓度	抽风
1	酸洗	鼓泡	HF	4min	室温	PP	10%	有
2	漂洗	鼓泡	去离子水	4min	室温	PP	—	—
3	漂洗	鼓泡	去离子水	4min	室温	PP	—	—
4	漂洗	鼓泡	去离子水	4min	40～70℃	PP	—	—

5.4.3　湿法刻蚀设备与工艺

　　湿法刻蚀，主要利用酸腐蚀反应，将硅片边缘 p-n 结和非扩散表面的磷硅玻璃腐蚀去除。湿法刻蚀能提高太阳电池的并联电阻、短路电流和开路电压，还能明显提升太阳电池的转换效率和产品质量，被大多数生产企业采用。图 5-12 所示为湿法刻蚀设备与刻蚀生产，下面将以捷佳创湿法刻蚀设备为例，对湿法刻蚀技术进行介绍。

图 5-12　湿法刻蚀设备与刻蚀生产

（1）湿法刻蚀设备

　　表 5-7 所示的捷佳创刻蚀设备采用先去 PSG、后刻蚀背面及边缘 p-n 结的工艺。此工艺的优点是避免了先刻蚀毛细作用，导致后续 PECVD 工序出现白边的现

象，其缺点是由于气相腐蚀的原因，在刻蚀后方块电阻会上升。设备槽体根据功能不同分为入料段、湿法刻蚀段、水洗段、碱洗段、水洗段、酸洗段、溢流水洗段、吹干段。设备具有交互性好、自动化程度高的特点。设备拥有完善的过程监控系统和可视化操作界面，能优化流程，降低人员劳动强度，并能通过高可靠进程降低碎片率，有效减少化学药品使用量，通过高扩展性模块化制程线还能实现自动补充耗料，实现稳定过程控制。在最新的设备中，将第一步去除 PSG 与第二步刻蚀槽合并为一个槽。5 道的设备产能可达 4500 片/h，10 道的产能可达到 8000 片/h，且支持最薄 $120\mu m$ 硅片。

表 5-7　常用湿法刻蚀工艺参数表

槽号	去 PSG 槽	刻蚀槽	水槽	碱槽	水槽	酸槽	水槽
溶液	HF	HF、HNO$_3$	去离子水	NaOH	去离子水	HF	去离子水
作用	去 PSG	刻蚀、背面抛光	漂洗	去多孔硅	漂洗	去金属杂质,使硅片更易脱水	漂洗
温度	常温	15℃	常温	20℃	常温	常温	常温

（2）湿法刻蚀作业流程

湿法刻蚀作业流程见表 5-8。

表 5-8　湿法刻蚀作业流程

生产准备	
1	穿上工作服,戴上 PVC 手套
2	确保手套没有粘油脂性物质,使用吸笔上下片,严禁用手直接接触硅片,在生产过程中禁止用手套接触皮肤,如接触过皮肤、头发或者带有油脂的物品,请更换手套
3	确认厂务配套各项目是否正常压缩空气
生产操作过程	
1	从载片盒中拿出硅片,注意取片方式,先小心拿出盒盖,将硅片盒竖起抽出硅片
2	确认设备可正常使用后,把硅片轻放在滚轮上,注意硅片的扩散面,确保扩散面朝上,保证硅片整齐且每片之间的前后距离大于 1.0cm
3	经过一遍刻蚀之后,硅片背场与边缘的 p-n 结全部被刻蚀,下片时使用吸笔将处理好的硅片从滚轮上吸到载片盒内
4	抽取每批的最后四片进行刻蚀前和刻蚀后称重测量,将所测数据记入规定表格,若减薄量超出工艺控制范围,及时通知工艺人员进行调整
5	把装满硅片的片盒放入传递窗,流入 PEVCD 工序
工艺安全及注意事项	
1	上片时如果发现碎片、裂纹片或颜色异常的硅片及时挑出,并通知工艺人员进行处理
2	生产过程中保持设备门窗关闭
3	下片时观察硅片外观,发现有裂纹、碎片、未吹干、带液等情况时及时通知工艺与设备人员进行处理
4	生产过程中,严禁裸手接触硅片、吸笔
5	确保手套的洁净度,每 400 片更换一次手套,如果出现沾污或接触过皮肤、头发等带有油脂的物品,请更换手套

5.5　相关检测

5.5.1　方块电阻测量

　　方块电阻也叫扩散薄层电阻，是指导电材料单位厚度单位面积上的电阻值。金属导体的电阻公式为：

$$R = \frac{\rho L}{S} \tag{5-17}$$

　　式中，R 为电阻；ρ 为电阻率；S 为与电流方向垂直的截面积；L 为电流流经的长度。根据这个定义，如图 5-13，可知电流横向流过一个薄层半导体的电阻的大小应为：

$$R = \frac{\rho W}{L t} \tag{5-18}$$

　　式中，W 为宽度；t 为厚度；截面面积 $S = L t$。为了便于表征不同形状的薄层横向导电能力，人们将大面积的薄层划分为无数面积无穷小的正方形，即 $L = W$，并定义方块电阻 R_{sq}：

$$R_{sq} = \frac{\rho}{t} \tag{5-19}$$

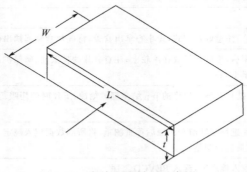

图 5-13　方块电阻导电示意图

　　需要注意的是：虽然方块电阻的量纲和一般电阻一样都是欧姆，但人们为了表示其不同于一般电阻（具有表征薄层横向导电能力的作用），会常用"欧姆/方块"或"Ω/sq"作为它的单位。

　　目前生产中，测量扩散层薄层电阻广泛采用四探针法。测量装置示意图如图 5-14 所示。图中直线陈列四根金属探针（一般用钨丝腐蚀而成），排列在彼此相距一段距离的一条直线上，并且要求探针同时与样品表面接触良好，四探针法中探针等间距配置，由恒流源供给外侧两根探针 1、4，一个小电流 I，当有电流注入时，样品内部各点将产生电位，里面一对探针测量 2、3 点间的电位差，并根据探针平均间距和测量位置进行修正：

$$R_{sq} = \frac{V_{23}}{I_{14}} \times f \tag{5-20}$$

式中，V_{23} 是 2、3 探针间的电压值；I_{14} 是 1、4 探针间的电流值；f 是修正系数，其大小取决于硅片的长度、宽度及探针的间距。目前一般使用的四探针间距为 1mm，当测量位置靠近中心时，修正系数约为 4.5。

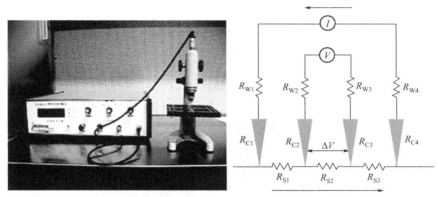

图 5-14　中山大学太阳能系统研究所的四探针电阻测试仪及其工作原理图

目前，扩散后的硅片正常方阻约为 $80 \sim 100\Omega/sq$，随着扩散和印刷技术的进步，方阻有逐步提高的趋势，部分厂家高效电池产品的方阻已提升至 $100 \sim 120\Omega/sq$，高方阻有利于减少电池表面复合，提高效率。

5.5.2　扩散分布与结深

扩散掺杂浓度分布曲线可以用电容-电压法测量，通过 p-n 结或者 Schottky 势垒二极管的反偏电容与外加电压的方程确定，电化学电容-电压法（electrochemical capacitance-voltage profiler，ECV）所测试的掺杂浓度为电离后的掺杂浓度。如图 5-15 所示为 ECV 所测热扩散掺杂磷原子浓度随着硅片深度的分布曲线，图中点代表磷原子在硅片中的分布，近似呈现高斯分布。由图可见，这个样品的表面掺杂浓度为 $2.5 \times 10^{20} \text{cm}^{-3}$，结深为 $0.35\mu m$ 左右。

5.5.3　导电类型测量

生产中采用温差法（也称为冷热探笔法）来判断晶体硅片的导电类型（n 型或 p 型），用 n 型和 p 型显示屏直接显示硅片的导电类型。如图 5-16 所示。

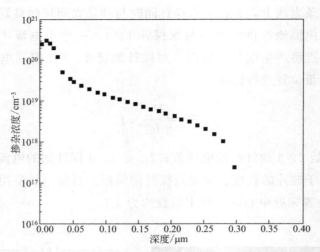

图 5-15　ECV 所测热扩散掺杂磷原子随着深度的分布曲线

方阻为 $100\Omega/sq$

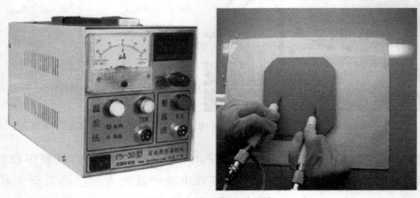

图 5-16　导电类型检测仪

复习思考题

1. 扩散过程中应用气体有哪些？都分别起到哪些作用？

2. 简单描述扩散工艺的流程，并作简单说明。

3. $POCl_3$ 是常用的扩散源材料，请简单说明其性能。

4. 检测方块电阻用到四探针电阻测试仪，请描述其工作原理。

5. 清洗石英器件所需要的化学品有哪些？有哪些注意事项？

6. 采用 $POCl_3$ 进行高温扩散时，实际反应过程是由多个步骤组成的，请写出相应的化学反应式，并作简单说明。

7. 硅片杂质扩散的技术指标有哪些？如何检验扩散结果？

8.为何要去除硅片周边的扩散结？有哪些方法？

9.扩散方阻的计算公式及测试方法是什么？

10.干法刻蚀与湿法刻蚀的区别是什么？

参考文献

[1] Goetzberger Adolf，Joachim Knobloch，Bernhard Voss. Crystalline silicon solar cells. Wiley On-line Library，1998.

[2] 沈辉，曾祖勤.太阳能发电技术.北京：化学工业出版社，2005.

[3] Gray S May，施敏.半导体制造基础.代永平，译.北京：人民邮电出版社，2007.

[4] 丁兆明，贺开矿.半导体器件制造工艺，北京：中国劳动出版社，1995.

[5] 马丁·格林.太阳电池工作原理、工艺和系统应用.狄大卫，曹昭阳，李秀文，译.北京：电子工业出版社，1987.

[6] Bouhafs D，Moussi A，Boumaour M. N＋ silicon solar cells emitters realized using phosphoric acid as doping source in a spray process，Thin Solid Films，2006，510：325-328.

[7] Biro D，Preu R，Glunz SW，Rein S，Rentsch J，Emanuel G，Brucker I，Faasch T，Faller C，Willeke G，Luther J. PV-Tec：photovoltaic technology evaluation center-design and implementation of a production research unit. Proceedings of the 21st European Photovoltaic Solar Energy Conference，2006.

[8] Biro D，Preu R，Schultz O，Peters S，Huljic D M，Zickermann D，Schindler R，Lüdemann R，Willeke G. Advanced diffusion system for low contamination in-line rapid thermal processing of silicon solar cells. Solar Energy Materials and Solar Cells，2000，74：1-4，35-41.

[9] Biro D，Emanuel G，Preu R，Willeke G，Wandel G，Schitthelm F. High capacity walking string diffusion furnace. Proc. Rome，Italy：Of PV in Europe-From PV Technology to Energy Solutions，2002：303-306.

[10] Singh Rajendra. Rapid isothermal processing. Journal of Applied Physics，1988，63（8）：R59-R114.

[11] Wybourne M N. Properties of silicon. London：INSPEC，The Institution of Electrical Engineers，1988：44.

[12] Roozeboom F. Rapid thermal processing-science and technology. SanDiego：Academic Press Inc，1993：349.

[13] 沈磊. n型单晶硅双面太阳电池结构与工艺研究. 广州：中山大学，2014.

[14] 陈达明. 晶体硅太阳电池新型前表面发射极及背面金属化工艺研究.广州：中山大学，2012.

[15] 何小锋.反应离子刻蚀设备的方案设计研究.长沙：国防科学技术大学，2004.

第 **6** 章

减反射膜工艺

太阳光照射在物质表面将产生反射，这是自然界非常普遍的现象。对于太阳电池来说，光的反射将会降低光电转换效率。因此，光的反射是必须要解决的问题。对于晶体硅太阳电池来说，抛光硅片表面对于光的反射可以达到30%以上。产业上通常采取两个办法：一是要对硅片进行表面处理，形成绒面结构，使得入射的光线被多次吸收；二是根据光的干涉原理，通过减反射膜工艺，使得硅片表面的反射率降低。本章主要介绍晶体硅电池的减反射膜原理与工艺，并对减反射效果进行分析讨论。

6.1 工艺目的

太阳电池的功能就是要最大限度地吸收阳光并能够高效地转换为电力。因此，太阳电池必须具有优异的光学与电学性能。减反射膜能够在光学与电学性能改善方面起到积极作用，它是太阳电池的重要组成部分，主要作用有：

① 降低电池表面反射率。太阳光照射到硅片表面时，将会发生反射、吸收及透射现象。普通硅片表面的光反射损失可以达到30%以上，通过制绒处理的硅片表面光损失可以降低一半，再加上减反射膜就可以将反射降到10%甚至5%以下。

② 增强电池表面钝化性能。硅片表面存在晶界、切割线痕及吸附物等缺陷，这些缺陷会形成表面SRH复合中心，增加少数载流子复合。对于p型电池，主要采用含氢离子的氮化硅减反射膜来饱和悬挂键，从而降低Si的表面态密度，同时形成正束缚电荷层，增强场钝化性能。

③ 提高电池稳定性。SiN_x薄膜材料自身较为致密，不易被空气、水汽等影响，并且具有较强的耐腐蚀性能，能有效抵挡外界化学物质对电池的影响，可以起到保护作用。

近年来随着太阳电池的大规模应用，对太阳电池组件又提出了更高的要求，如抗电势诱导衰减（potential induced degradation，PID）。PID现象最早是由美国

SunPower 公司发现的，其后果是导致光伏电站发电量下降。目前能给出的解释是：在高温、高湿的条件下，钠离子会从太阳电池组件的玻璃基板向封装材料中扩散，进而侵入电池的表面和内部，从而导致 PID。而减反膜处于封装材料与电池表面之间，通过采取新的工艺可以遏制 PID 现象的发生，如江苏润阳悦达光伏科技有限公司是采用热氧化的方式，在发射极和硅片背面形成一层几纳米的 SiO_2 层，以此来形成抗 PID 特性。

6.2 减反射原理与材料

当 AM1.5G 的标准光源照射到太阳电池表面时，首先面临的是光学损失，主要是金属电极的遮挡损失、前表面减反射膜的寄生性吸收损失以及前表面反射损失，而后进入硅片体区。因此，减反射膜是一种能够有效地降低太阳电池前表面光学反射的薄膜，在硅片表面沉积单层或多层介质膜，基于光的干涉效应，调整其膜厚、折射率、消光系数等参数，得到最低的电池反射率。

6.2.1 减反射原理

当光线从折射率为 n_0 的介质，射入折射率为 n_1 的另一介质时，在两介质的分界面上就会产生光的反射。如果介质没有吸收，分界面是一光学表面，光线又是垂直入射，则反射率 R 计算公式为式（6-1），透射率 $T = 1 - R$。

$$R = \left(\frac{n_0 - n_1}{n_0 + n_1}\right)^2 \tag{6-1}$$

为了减少表面反射光，会在介质（n_0）表面镀一层折射率为 n_1 的薄膜，其中 $n_0 > n_1$，如图 6-1 所示。在界面 1 和 2 上的振幅系数 r_1 和 r_2 见公式（6-2）。

$$r_1 = \frac{n_0 - n_1}{n_0 + n_1}, \ r_2 = \frac{n_1 - n_2}{n_1 + n_2} \tag{6-2}$$

从矢量图上可以看到，合振幅矢量随着 r_1 和 r_2 之间的夹角 $2\delta_1$ 而变化，合矢量端点的轨迹为一圆周。当膜层的光学厚度为某一波长的 1/4 时，两个矢量的方向完全相反，合矢量最小。这时如果矢量的模相等，即 $|r_1| = |r_2|$，则对该波长而言，两个矢量完全抵消，出现零反射率。

欲使 $|r_1| = |r_2|$，应满足公式

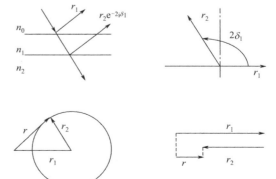

图 6-1 单层减反射膜的矢量图

(6-3):

$$\left|\frac{n_0-n_1}{n_0+n_1}\right|=\left|\frac{n_1-n_2}{n_1+n_2}\right| \tag{6-3}$$

即 $n_1=\sqrt{n_0 n_2}$，如空气的 $n_0=1$，则 $n_1=\sqrt{n_2}$。因此，理想的单层减反射膜的条件是，膜层的光学厚度为 1/4 波长，其折射率为入射介质和基片折射率的乘积的平方根。对晶体硅太阳电池而言，可用公式（6-4）进行计算。其中：n_0、n、n_{Si} 分别为外界环境、膜和硅的折射率；λ、d 分别为入射光波长和膜厚；应满足 $n_0 < n < n_{Si}$，否则公式不成立。

$$\lambda=4nd，\qquad n^2=n_{Si}n_0 \tag{6-4}$$

6.2.2　减反射膜基本参数及减反射材料

（1）减反射膜基本参数

描述减反射膜光学特性的基本参数有三个，分别是折射率、膜厚和消光系数。

折射率（n）：是光学材料最重要的一个参数，是指光线在真空中的速度与光线在介质中传播速率的比值，也可以用光从真空中入射介质发生折射时，入射角的正弦值与折射角正弦值的比值来描述。若表面采用单层减反射膜，理论上薄膜材料的折射率在 1.98 左右，反射率在波长 λ 为 600nm 处达到最低。对于多层减反射膜，可以实现较宽波长范围内最佳减反射效果，常见材料及其折射率见表 6-1。

膜厚（d）：是指减反射膜的厚度，它与折射率一起决定了薄膜的反射率。在实际应用中，膜厚是最容易调节的一个参数。大多数情况薄膜材料的折射率是一定的，为了能得到最低的反射率，需要计算出最佳膜厚。膜厚的计算方法是由菲涅耳公式推导出来的，但由于太阳电池表面形状较复杂并且光谱范围较广，最佳膜厚的计算需要用计算机来实现，通常采用光学模拟软件 OPAL2。

表 6-1　常见材料及其折射率（波长为 600nm 处，数据来源于 PV lighthouse）

材料	折射率	材料	折射率
空气	1.00	SiO_x	1.48
Si	3.94	SiN_x（PECVD）	1.90~2.70
MgF_2	1.36	TiO_2（ALD）	2.30
SiO_2	1.46	ZnS	2.35
Al_2O_3	1.62		

消光系数（κ）：是表征介质材料对光谱吸收程度的物理量，消光系数越小介质材料对光线的吸收越小，光线的穿透深度越大。消光系数 κ 与吸收系数 α 的计算见公式（6-5）。由于减反射膜的作用是增加太阳电池对光线的吸收，其材料自身不能对光线有大的吸收。因此减反射膜材料在 300~1200nm 范围内的消光系数越小越好，即材料的禁带宽度大于 4eV，能够有效降低对光的寄生性吸收。

$$\kappa = \frac{\alpha\lambda}{4\pi n} \tag{6-5}$$

（2）减反射材料

适合作为晶体硅太阳电池减反射膜的材料，主要有二氧化钛、氮化硅、氧化硅、氧化铝、二氧化硅及氧化铈等低折射率材料。产业化应用中，常用氮化硅来形成减反射膜，它不仅能够有效地减少入射光的反射，而且还有钝化的作用，甚至可以保护太阳电池表面，有防刮伤、防潮湿等功能。

早期晶体硅太阳电池主要是采用二氧化钛作为减反射膜，主要是因为二氧化钛的折射率范围囊括了太阳电池减反射膜所需的最佳折射率值，能制作反射率最低的减反射膜。但是，二氧化钛薄膜长期暴露于紫外线后，会导致波长小于450nm的短波区吸收增加，最后制成的太阳电池的效率不高。SiN_x：H薄膜在微电子行业中被广泛应用，可以采用CVD技术制备，目前广泛使用的是等离子体增强化学气相沉积（plasma enhanced chemical vapor deposition，PECVD）技术，PECVD技术对多晶硅太阳电池而言，因其富含氢原子，能够有效地钝化多晶硅的晶界，实现多晶硅的体钝化。另外，SiN_x：H薄膜可以降低磷掺杂发射区表面的复合速率。二氧化硅作为钝化减反射膜，也常被用于晶体硅电池中，是利用通氧加热的方法使得硅片表面生长出一层致密的氧化层，其折射率为1.46。二氧化硅膜对短波长光寄生性吸收较小，抗磨耐腐蚀，应用广泛。目前SiO_2的制备方法有热氧化法、磁控溅射、PECVD及真空热蒸发等。采用热氧化法制得的SiO_2薄膜在钝化方面有显著的效果，可使硅片表面的悬挂键大量减少。热氧化的SiO_2薄膜带有一定的正电荷，电荷量约$1 \times 10^{11} cm^{-2}$，对硅表面具有场钝化效应。

6.3 减反射膜制备工艺与设备

6.3.1 PECVD镀膜技术

等离子体增强化学气相沉积（plasma enhanced chemical vapor deposition，PECVD）技术，是制备太阳电池减反射膜的主要方法。该技术采用氨气和硅烷作为反应气体，工艺气体通过电磁场被激发成等离子体，再利用等离子体中电子的动能激活气相的化学反应，从而快速沉积薄膜，反应式（6-6）：

$$SiH_4 \uparrow + NH_3 \uparrow \longrightarrow SiN_x \downarrow + H_2 \uparrow \tag{6-6}$$

由PECVD法沉积的SiN_x薄膜是非晶结构，具有很好的减反射效果。SiN_x薄膜还含有大量的缺陷和氢原子，具备体钝化和表面钝化的特性。减反射、体钝化和表面钝化特性之间不是互相独立的，工艺参数（温度、等离子体激发功率和频率、气体流量等）的优化要满足各个特性的平衡。

PECVD 设备主要有两种分类方法，一种是根据其等离子体的激发方式不同分为直接式和间接式；另外一种是根据基片放置方式的不同分为平板式和管式。

（1）直接式和间接式

直接式 PECVD 中电极置于真空腔内，并将基底作为一个电极。等离子区位于基底表面，硅片直接暴露于等离子体中。这种方法能使得电池片表面变得更清洁、活性更高，但也会使硅片表面受到损伤，影响表面钝化。由于基底表面电场分布均匀，所以这种方法能使基底受热均匀，获得均匀的薄膜。

间接式 PECVD 是把高频线圈置于真空腔外，利用高频线圈把电力输给真空腔内的气体，产生等离子体。间接式 PECVD 的等离子区离基片较远，等离子体没有直接与硅片表面发生作用，硅片表面损伤小、功率集中，可获得高密度离子体，在稀薄气体中也能获得高的沉积速率，但不易获得均匀的薄膜。

（2）平板式和管式

平板式 PECVD 是基片水平放置在卡位上，由于沉积系统主要部分为两个平板，所以称为平板式 PECVD。而管式如图 6-2 所示，则是基片竖直放置在石墨舟上，然后将舟推入石英管中进行反应，由于这一类设备的真空腔大多为石英管，所以称为管式 PECVD。

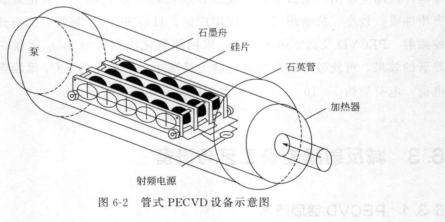

图 6-2　管式 PECVD 设备示意图

（3）不同电源频率的 PECVD

根据电源频率的不同，PECVD 还可以分为直流法（0 Hz）、低频法（40 kHz）、射频法（13.56 MHz）、微波法（2.45 GHz）等。其中除了直流法的构造不同外，其他几种方法的构造都差不多，不同的只是电源的频率而已。一般来说电源频率越高，反应沉积速度越快，离子对基底表面的损伤越小，不过设备的成本越高，电学性能越难控制，薄膜均匀度也就越差。

6.3.2　ALD 镀膜技术

原子层沉积（atomic layer deposition，ALD）是一种应用于原子级精度镀膜的方法。ALD 与 CVD 不同的是，其发生反应的位置是在基底的表面，并且是逐层进行的。图 6-3 为其原理示意图，两种 ALD 原理的主要区别是 $Al(CH_3)_3$ 在硅片表面形成 Al_2O_3 的化学反应过程不同，对于等离子体 ALD，$Al(CH_3)_3$ 是与氧气反应，而热 ALD 是与气体的 H_2O 反应。

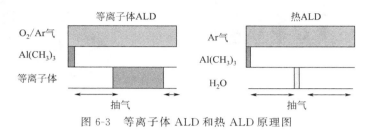

图 6-3 等离子体 ALD 和热 ALD 原理图

ALD 的关键是每次通入的都是单次反应的气体，并且只能与基底表面物质进行反应，所以每次的反应都保证只沉积单层原子薄膜。正是由于这个原理，ALD 具有成膜精度高、覆盖率好等优点，但同时也使得它具有成膜速度慢的缺点。由于钝化膜一般只要求作用于表面，对成膜结合质量和覆盖率要求很高，但对厚度要求不高，因此 ALD 是一种很好的制备钝化膜的方法。目前，使用最广泛的钝化膜是 Al_2O_3，其单层的反应方程式如下：

$$-O-H+Al(CH_3)_3\uparrow \longrightarrow -O-Al(CH_3)_2+CH_4\uparrow \qquad (6-7)$$

$$-O-Al(CH_3)_2+H_2O\uparrow \longrightarrow -O-Al(OH)_2+2CH_4\uparrow \qquad (6-8)$$

由式 (6-7)、式 (6-8) 可知，制备单层原子 Al_2O_3 需要通入两次气体进行两次反应，第一次通入 TMA [三甲基铝 $Al(CH_3)_3$] 与基底表面的氢氧根 ($-O-H$) 反应，在基底表面生成 $-O-Al(CH_3)_2$；第二次通入水蒸气与 $-O-Al(CH_3)_2$ 反应生成 $-O-Al(OH)_2$，注意这里表层的 $-O-Al(OH)_2$ 已经含有 Al_2O_3 和氢氧根，当再通入 TMA 后其氢氧根就会与 TMA 重复方程 (6-8) 的反应，该层就会变成单层原子 Al_2O_3 薄膜。至于硅表面第一层的氢氧根则是硅片表面氧化吸附形成的。

6.3.3 镀减反射膜生产工艺

目前工业上用于太阳电池制备氮化硅减反膜的 PECVD 主要分为三类：管式直接法 PECVD、板式直接法 PECVD、板式间接法 PECVD。

（1）管式直接法 PECVD

Centrotherm 公司的 PECVD 设备采用管式结构及石墨舟，实物图如图 6-4 所示。图中是放置硅片的石墨舟，为了减小表面损伤采用脉冲式的间断低频场，电源频率一般为 40kHz。为了提高生产效率，石墨舟被设计为长方形多层结构，这样能够尽量提高每一炉太阳电池片的数量。石墨舟外面的圆管是作为真空腔的石英管，而外面大一点的圆管是设备的加热装置，也就是说设备对基底的加热方法是对整个真空腔进行加热。设备的进气口和抽气口分别位于石英管的两侧。

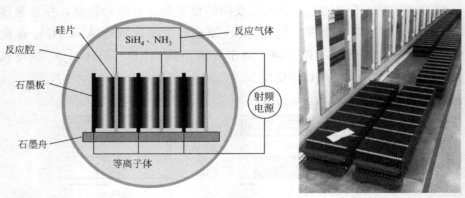

图 6-4 管式 PECVD 设备示意图及石墨舟洗舟房（拍摄于江苏润阳悦达光伏科技公司）

这种方法的优点是体钝化效果好，在电学控制和沉积稳定性方面有较好的表现；缺点是表面损伤较大，电池表面复合会较大，并且由于使用硅片作为电极，可能会使得电极表面特性不均导致薄膜均匀度较差。由以上特点可知，这种方法对于体钝化要求较高的多晶硅电池有较好的效果，而对表面钝化要求较高的单晶硅电池效果较差。

（2）板式直接法 PECVD

日本岛津公司的 PECVD 设备采用了平板式结构，其示意图如图 6-5 所示。平板式 PECVD 属于连续式生产设备，它不像管式设备那样需要"一炉一炉"地生产。太阳电池片在外面装在一个平板卡位后分别经过装料室（预抽真空）、加热室（加热基底）、沉积室、冷却室、卸料室后完成整个镀膜生产过程，可以进行连续生产。这种方法与管式 PECVD 相比生产速度较快，镀膜的均匀性较好，表面损伤也较低，表面复合较小；但同时体钝化效果也相对较差，所以比较适合单晶硅太阳电池的生产。

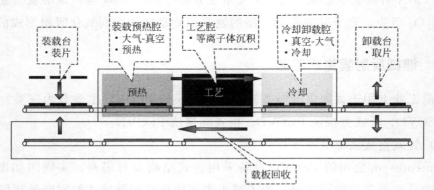

图 6-5 平板式 PECVD 设备示意图

（3）板式间接法 PECVD

由于间接法 PECVD 的离子区远离硅片表面，如果使用管式的基片放置法，薄膜的均匀性将很难得到保证，甚至会出现某些硅片无法镀上薄膜的现象，所以间接法 PECVD 一般是平板式的。由于离子区与硅片相分离，不用考虑电源频率对硅片表面损伤及薄膜均匀性的影响，因此电源频率选择的范围也随之增大。下面介绍两款电源频率相差极大的设备：微波型（2.45GHz）和直流型（0Hz）PECVD。

图 6-6(a) 为微波型主要沉积系统结构图。该设备的等离子产生系统主要由微波发生器、两个磁铁、一根导电率极高的金属管和一根同轴石英管组成。两个磁铁分别位于石英管的两边，其主要作用是在石英管的位置形成一个恒定磁场。而金属管位于石英管中间，两边接高频电源，石英管内为高真空。其工作原理就是通过金属管连接外部微波发生器把微波导入真空腔内，微波透过石英管向外传播并作用于稀薄的工作气体上使得工作气体电离，在石英管外围一圈区域内产生一个等离子区。在等离子区中气体发生反应，生成氮化硅最终沉积到硅片上。这种方法除了具备间接法都具有的表面损伤少的优点外，由于微波能量很高，因此还有沉积速率快的优点。不过其缺点是会在真空腔内沉积大量的氮化硅，使得真空腔内洁净度变差，长期运行会导致薄膜性能变差。目前这种设备的主要生产商有 Roth&Rau公司。

图 6-6(b) 为直流型 PECVD 设备主要沉积系统的结构示意图。由图可见，在沉积系统的最上面是 Ar 气入口，而它的下面是阴极，阴极到平板状阳极之间是多极平板，其作用是调整电场的强度，使电场逐渐减弱。在出口端为 NH₃ 气入口，再下面则是硅烷气入口。其工作原理是：氩气自上端喷入，在电场区离化成离子；然后与进入的 NH₃ 气混合而成 Ar/NH₃ 等离子体，并自出口喷出，最后与硅烷反应生成氮化硅，并沉积到硅片上。

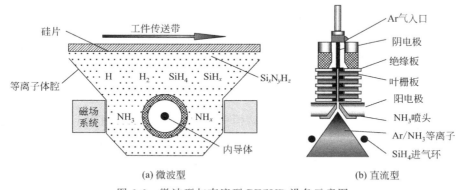

(a) 微波型　　　　　　　(b) 直流型
图 6-6　微波型与直流型 PECVD 设备示意图

直流法的特点是其等离子体分成上游和下游两个腔体，在上游腔体气压力很高，达到亚大气压（sub-atmospheric pressure）时，离化率可达 100%；由于上下游存在气压差别，因此下游腔室的分解不会影响上游；电源是直流的，因此也会使得操作容易。因此，直流法的沉积速率远高于其他种类的 PECVD，并且也具有对衬底无损伤的优点。不过，其依然会在真空腔内沉积大量的氮化硅，需要经常清洁维护。目前主要的生产厂家是 OTB 公司。

6.4　减反射膜生产流程

由于工业上 PECVD 的自动化程度很高，PECVD 制备氮化硅减反射膜的流程也变得十分简单。如图 6-7 所示，在预先设定好各项沉积参数后，一般的流程为：装片→抽真空→沉积→充气→卸片。一般需要工人操作的步骤只有装片跟卸片，不过一些高度自动化的生产线连这一步都可以实现自动装、卸片，完全脱离了人工操作。这样不仅能提高工作效率，而且还能减少装卸片过程中人为的污染。

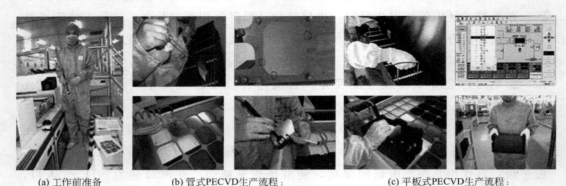

(a) 工作前准备　　　　　(b) 管式PECVD生产流程：　　　　　　(c) 平板式PECVD生产流程：
　　　　　　　　　　　　插片—上舟—运行工艺　　　　　　　　　卸片—检测—插片—下一工序
图 6-7　镀减反射膜生产流程（拍摄于海润光伏科技有限公司）

（1）工作前准备

严格佩戴劳保用品、活性炭口罩、线手套、PVC 手套。查看吸笔是否完好，能否正常使用。工作用品的检查：检查真空吸盘是否完好，能否正常使用，以免对硅片正面造成摩擦等损伤；检查每个石墨舟是否有损坏，是否烘好，能否正常使用。

（2）硅片准备

双手拿起硅片盒，轻放于净化存储柜里面，硅片盒开口面朝上；同时目视检查硅片是否有破片、崩边、缺角、外观不良等缺陷，如果有上述缺陷，则把整盒硅片退回上道工序；双手拿起存储柜里面的硅片盒，并轻放于工作台上。要求片盒大面（附图）朝下，小面朝上，即硅片 p 型面向上，n 型面向下。

（3）装片

两操作人员分别站于上料台两边，用真空吸笔把硅片依次放入位于上料台的载板里，硅片用挂钩挂住，n 型面朝下，p 型面向上。

（4）进板

按传送带控制器上的"进板请求"按钮，把装满硅片的载板送入设备。

（5）卸片

两操作人员分别站于下料台两边，待载板从设备出来、停止在下料台上后，用真空吸笔把镀好膜的硅片吸出，并轻放入塑料承载盒；把所有硅片卸下之后，操作人员戴好防护手套，把空载板小心搬运并放置于上料工作台上。

（6）关机、自检

颜色检验：每石墨框随机目视检查2～4片，要求硅片颜色为深蓝色，没有出现明显的色斑、水斑、不均匀、色差。破片检验：检查是否有硅片裂片、明显裂纹、崩边、缺角。膜厚、折射率测量：每隔1h，在石墨框的左、中、右位置随机抽取5片硅片测试膜厚和折射率，要求单晶硅片膜厚为（76±5）nm，折射率2.05±0.1，多晶硅片膜厚（80±5）nm，折射率2.05±0.05。每次测量的数据需记录在膜厚和折射率记录表内。

6.5 相关检测

光线作用于物体后会分为三个部分：反射光、吸收光和透射光。太阳电池片镀膜后人们最为关心的参数是吸收光，但吸收光很难直接测量，一般都是通过入射光、反射光、透射光计算得到。对于太阳电池，人们一般只关心其主要吸收波段：400～1100nm，而在此波段可粗略认为透过率为零。因此人们通过测量反射率来表征太阳电池镀膜工艺后吸收特性的好坏。目前，广泛采用积分球以及分光光度计结合对太阳电池片的反射率进行测量。其测量原理为：通过分光光度计使不同波长的单色光依次照射到太阳电池片上，然后通过积分球收集其反射光（包括镜面反射和漫反射的光）并检测其大小，从而得出样品某个波段的反射率曲线。如图6-8所示为晶体硅太阳电池的反射率测试曲线。由图可见，太阳电池在650～750nm波段的吸收是最好的。

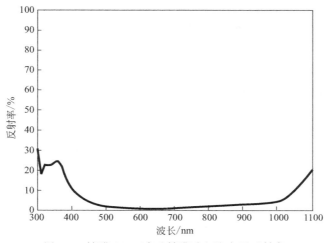

图6-8　镀膜 SiN_x 减反射膜后电池表面反射率

但是用分光光度计测量反射率耗时较长，只能采用抽样检测的方法，无法对产线上每个样品均进行实时的测量。通常，产线上采用肉眼对其颜色进行检测，从而及时监控工艺情况。太阳电池的镀膜最佳厚度在 80nm 左右，无论过薄还是过厚都会影响整体的反射率。正常的片子通常应该是蓝色的，如果出现偏紫就可能是偏薄，偏黄则是偏厚。

前面已经提到了膜厚与颜色、反射率的关系，只测量反射率很难计算出薄膜厚度，特别对于表面粗糙的绒面。为了更好地控制工艺，产线上会配备激光椭偏仪来测量薄膜厚度，同时激光椭偏仪也能测量薄膜的折射率和消光系数。氮化硅的折射率 2.0 左右，消光系数在 400～1100nm 波段都为零。

椭偏仪是通过测量反射光的偏振态，并通过计算拟合出薄膜的膜厚与光学特性。图 6-9 展示的全光谱椭偏仪是指采用测量整个光谱范围，将复合光束的波长展开，利用探测器阵列来检测各个不同的波长信号，获得薄膜的厚度、折射率以及光学常数。但是，产线普遍采用激光椭偏仪，即采用单波长的光测试。这种椭偏仪具有结构简单、价格便宜等优点，但对于多层膜的分析能力不够。由于太阳电池生产工艺只镀一层膜，因此对于产线上使用激光椭偏仪作为膜厚检测已经足够。

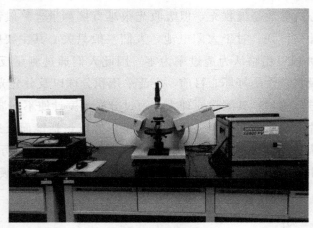

图 6-9　全光谱椭偏仪（拍摄于中山大学太阳能系统研究所）

6.5.1　SiN$_x$ 膜外观的检验

（1）作业过程

由于卸片时，吸笔吸住的面是扩散面，有 SiN$_x$ 膜的一面，很容易观看膜的颜色及其均匀性。开始卸片时，先沿着舟的横向某一行（156mm 硅片舟，6 片）查看膜的颜色是否正常，然后再沿着纵向的某一排（156mm 硅片舟，14 片）查看膜的颜色是否正常。

（2）要求

如果在抽检的 20 片（156mm 硅片）中，膜的颜色均很深，或者色差严重，则停止卸片，将该舟重新送入炉管再沉积一定时间，具体时间根据膜的颜色来确定；

如果在抽检的 20 片（156mm 硅片）中，只是偶有片子颜色不均，则将其挑出，进行返工，其余片子正常下流；如果在下片过程中发现大量的白斑片或者 SiN_x 膜有严重的线痕，则要通知工艺工程师。对白斑片或者线痕片返工；如果某一舟的片子的 SiN_x 膜的颜色与其他舟的情况差别很大，则要查看该舟自上次清洗以来所运行的天数，如果超过 9 天，则要再次清洗。

（3）注意事项

线痕大量出现可能是二次清洗的去离子水出了问题，出现此情况要通知二次清洗相关负责人，排除故障。白斑片可能是扩散工序上出了问题（偏磷酸导致）。

6.5.2　SiN_x 膜的厚度及折射率检验

（1）作业过程

每隔 6h，在石墨框的左、中、右位置随机抽取 6 片镀膜片，测试镀膜片的 SiN_x 膜厚和折射率，测试时取硅片的中心点和 4 条边每条边各 1 点共 5 点。测量每条边的值时注意测量点处于中点且距边缘的距离要约为 1cm，把数据记录在膜厚和折射率测试记录表中。

（2）要求

电池片上 SiN_x 膜的厚度要求为：单晶工艺的厚度 $d=(76\pm5)$ nm，折射率要求为 $n=2.05\pm0.1$；多晶工艺的厚度 $d=(80\pm5)$ nm，折射率要求为 $n=2.05\pm0.05$；电池片 SiN_x 膜的厚度和折射率的不均匀性应控制在表 6-2 范围内，在控制范围则 SiN_x 膜合格；若超出控制范围，则氮化硅薄膜不合格，应通知工艺工程师及时采取措施；检验时双手须戴洁净、无汗迹的乳胶手套。

（3）注意事项

正常情况下，中心点的厚度比 4 条边的要大 5nm 左右；太阳电池的镀膜厚度应控制在规定范围内，无论过薄还是过厚都会影响整体的反射率。正常的片子通常应该是蓝色的，如果出现偏紫就可能是偏薄，偏黄则是偏厚。表 6-3 所示为氮化硅呈现的颜色所对应的电池片（而非抛光片）的厚度值。

表 6-2　各参数的控制范围

序号	检测内容	计算方法	控制范围
1	每片测 5 个点膜厚	$d_{平均}=(d_1+d_2+d_3+d_4+d_5)/5$	单晶：(76 ± 5)nm
			多晶：(80 ± 5)nm
2	片膜厚不均匀性	$(d_{最大}-d_{最小})/(d_{最大}+d_{最小})\times100\%$	$\leqslant5\%$
3	总膜厚不均匀性	$(d_{平均最大}-d_{平均最小})/(d_{平均最大}+d_{平均最小})\times100\%$	$\leqslant5\%$
4	每片测 5 个点折射率	$n_{平均}=(n_1+n_2+n_3+n_4+n_5)/5$	2.05 ± 0.1
5	片折射率不均匀性	$(n_{最大}-n_{最小})/(n_{最大}+n_{最小})\times100\%$	$\leqslant2\%$
6	总折射率不均匀性	$(n_{平均最大}-n_{平均最小})/(n_{平均最大}+n_{平均最小})\times100\%$	$\leqslant2\%$

表 6-3　氮化硅颜色与厚度的经验值对照

颜色	硅本色	褐色	黄褐色	红（紫）色	深蓝色	蓝色	淡蓝色
厚度/nm	0～20	20～40	40～50	55～73	73～77	77～93	93～100

复习思考题

1. 请说明实现减反射的基本原理与方法。

2. 减反射膜的主要光学特性有哪些？

3. 什么是光伏组件的 PID 现象？

4. 简述氮化硅的 PECVD 生产工艺过程。

5. 氮化硅薄膜不仅对硅片起到减少光反射的效果，也具有钝化表面的作用，为什么？

6. 管式 PECVD 与平板式 PECVD 有哪些区别？

7. 简述 ALD 镀膜的原理与工艺。

8. 简述氧化铝薄膜的特性。

9. 除了氮化硅外，还有哪些减反射膜材料，请作简单说明。

10. 减反射膜为什么最好是深蓝色？其他颜色行不行？

参考文献

[1] Adachi D，Hernández J L，Yamamoto K. Impact of carrier recombination on fill factor for large area heterojunction crystalline silicon solar cell with 25.1% efficiency. Applied Physics Letters，2015，107（23）：233506.

[2] 唐晋发，顾培夫，刘旭，李海峰. 现代光学薄膜技术. 杭州：浙江大学出版社，2006：61-62.

[3] 林明献. 太阳电池新技术. 北京：科学出版社，2012.

[4] Luque A，Hegedus S. Photovoltaic science and engineering. Chichester：John Wiley & Sons Ltd，2003.

[5] 王文静，李海玲，周春兰，赵雷. 晶体硅太阳电池制造技术，北京：机械工业出版社，2014：116-119.

[6] Schlemm H，Mai A，Roth S，Roth D，Baumgärtner K M，Muegge H. Industrial large scale silicon nitride deposition on photovoltaic cells with linear microwave plasma sources. Surface and Coatings Technology，2003，174：208-211.

[7] Kessels W M M，Hong J，Van Assche F J H. High-rate deposition of a-SiN$_x$：H for photovoltaic applications by the expanding thermal plasma. Journal of Vacuum Science & Technology A：

Vacuum，Surfaces，and Films，2002，20（5）：1704-1715.

［8］ Goetzberger Adolf，Joachim Knobloch，Bernhard Voss. Crystalline silicon solar cells. Wiley Online Library，1998.

［9］ 陈奕峰. 晶体硅太阳电池的数值模拟与损失分析. 广州：中山大学，2013.

［10］ Paviet-Salomon B，Tomasi A，Descoeudres A. Back-contacted silicon heterojunction solar cells：optical-loss analysis and mitigation. IEEE Journal of Photovoltaics，2015，5（5）：1293-1303.

［11］ Curtin D J，Statler R L. Review of radiation damage to silicon solar cells. Aerospace & Electronic Systems IEEE Transactions on，1975，AES-11（4）：499-513.

［12］ 陈达明. 晶体硅太阳电池新型前表面发射极及背面金属化工艺研究. 广州：中山大学，2012.

［13］ Dingemans G. Nanolayer surface passivation schemes for silicon solar cells. Tilburg：PhD Thesis，2011.

［14］ 阴生毅，陈光华，粟亦农，张永清. 新型微波 ECR-PECVD 装置的研制. 真空科学与技术学报，2004，24（1）：33-36.

Weimar, Sun faces and Title   Dr. Entger, E. G.
Sahaga, A. M., To the   Confine Comm from Screen Selar style, With: On
Jing Lehong, 刘伟   ...
电路设计中   采用 Dr. [4] Dru. 参数
[1] Du. 技术指导 Itenuan   chen, J. Bak, Sermerd a screen Eye from For solar cell)
Electo ben zundpm and innen   ... cell produced by Screened ..., 2010 .. [2], 129-130.
[1] 光伏发电技术 应用技术   ... cell application, from left [1]. Asugidd, & k. cm
...   DE8.11-13 ..
[1] Dru. zuhang to Xiaun   ...
in lng..   non-scheme, based on solar cell.. Ishima., fiber from
[4] ...

第 7 章

电极制备工艺

太阳电池的电极制备工艺包括丝网印刷技术、化学电镀及真空热蒸发等。目前产业化的晶体硅太阳电池主要是采用丝网印刷及烧结工艺。银是一种贵重金属，其在晶体硅太阳电池的成本中占有重要的份额，因此需要对太阳电池的银浆的用量进行严格控制。相对于电镀和蒸发制备的电极，丝网印刷工艺具有操作简单、可靠性高、成本低等优点，在推动晶体硅太阳电池的规模化生产方面起到了重要作用。本章主要介绍电极设计、丝网印刷及烧结工艺以及电极工艺的新技术发展等内容。

7.1 工艺目的

电极制备是太阳电池生产重要的工序，是通过金属与半导体的欧姆接触形成的，电极制备工艺目的是制作导电性能良好的金属与半导体的欧姆接触，以收集太阳电池内部形成的非平衡载流子，从而形成电流。目前在晶体硅太阳电池生产中，最常使用的电极制备方法还是丝网印刷，该工艺包括印刷金属浆料和烧结两个步骤，印刷所用的浆料主要是银浆和铝浆。银是贵重金属，储量有限，减少银的使用以及逐步取代银电极是光伏技术的重要研究方向。否则，大规模推广使用光伏发电是会受到限制的。

7.2 工艺原理

7.2.1 前电极图形设计

太阳电池的受光面的欧姆接触金属电极称为前电极，前电极形状设计要考虑金属栅线对光线的遮挡、金属栅线自身电阻以及金属与硅片的接触电阻三个方面的平衡。因此，减少串联电阻主要是考虑栅线本身的串联电阻、栅线与发射极之间的接触电阻以及电流从发射极流向栅线的横向电阻，这三方面的电阻是太阳电池串联电阻的主要组成部分。减少遮光设计要求栅线宽度要窄，以尽可能增大电池受光面积，同时栅线高度要高，以抵消细栅线引起的串联电阻增加问题。

在电极设计中需要分别考虑电阻的电学损失及栅线遮挡的光学损失。取两种损失和最小时的栅线间距为最优间距。模型假设电池受光部分电流密度与电压恒定。假设扩散层、细栅、主栅电阻及金属接触电阻均匀，电流流过扩散层、金属半导体接触界面、细栅、主栅时都是线性增加。电阻损失细分为发射极薄层电阻损失、发射极接触电阻损失、细栅电阻损失和主栅电阻损失。图 7-1 为电池前电极图案设计及电流分布示意图。

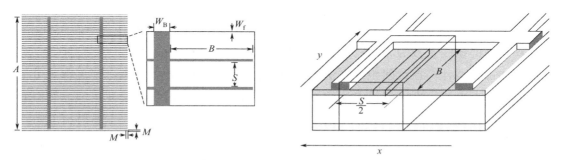

图 7-1　太阳电池前电极图案设计及电流分布示意图

可以确定发射极薄层电阻损失：

$$p_{\mathrm{sl}}=\frac{\int_0^{S/2}(J_{\mathrm{a}}Bx)^2(\rho_{\mathrm{s}}/B)\mathrm{d}x}{\frac{S}{2}BJ_{\mathrm{a}}V_{\mathrm{a}}}=\frac{\frac{1}{24}J_{\mathrm{a}}^2B\rho_{\mathrm{s}}S^3}{\frac{1}{2}BJ_{\mathrm{a}}V_{\mathrm{a}}S}=\frac{1}{12}\times\frac{J_{\mathrm{a}}}{V_{\mathrm{a}}}\rho_{\mathrm{s}}S^2 \tag{7-1}$$

发射极接触电阻损失：

$$P_{\mathrm{cf}}=r_{\mathrm{cf}}\frac{J_{\mathrm{a}}}{V_{\mathrm{a}}}S \tag{7-2}$$

细栅电阻损失：

$$P_{\mathrm{rf}}=\frac{(B+M)^3+B^3}{6W_{\mathrm{f}}(B+M)}\times\frac{\rho_{\mathrm{smf}}}{h_{\mathrm{smf}}}\times\frac{J_{\mathrm{mp}}}{V_{\mathrm{mp}}}S \tag{7-3}$$

主栅电阻损失：

$$P_{\mathrm{rb}}=\frac{2}{3}(B+M)\frac{\rho_{\mathrm{smb}}}{h_{\mathrm{smb}}}A^2\frac{J_{\mathrm{mp}}}{V_{\mathrm{mp}}}\times\frac{1}{W_{\mathrm{B}}} \tag{7-4}$$

则总电阻损失：

$$P_{\mathrm{r}}=P_{\mathrm{sl}}+P_{\mathrm{cf}}+P_{\mathrm{rf}}+P_{\mathrm{rb}} \tag{7-5}$$

细栅遮挡：

$$P_{\mathrm{sf}}=\frac{BW_{\mathrm{f}}}{(S+W_{\mathrm{f}})(B+M)} \tag{7-6}$$

主栅遮挡：

$$P_{sb} = \frac{AW_B}{2(A+M)(B+M)} \tag{7-7}$$

那么总遮挡损失：

$$P_s = P_{sf} + P_{sb} - P_{sf}P_{sb} \tag{7-8}$$

设置参数（以普通电池参数为例）：最大功率点电流密度 $J_{mp} = 32mA/cm^2$；最大功率点电压 $V_{mp} = 0.512V$；发射极方块电阻 $\rho_s = 45\Omega/sq$；线接触电阻率 $r_{cf} = 0.48\Omega \cdot cm$；细栅电阻率 $\rho_{smf} = 4.65 \times 10^{-6}\Omega \cdot cm$；主栅电阻率 $\rho_{smb} = 4.65 \times 10^{-6}\Omega \cdot cm$；细栅平均高度 $h_{smf} = 17\mu m$；主栅平均高度 $h_{smb} = 25\mu m$；细栅宽度 $W_f = 120\mu m$；边缘留边 $M = 1mm$；主栅长 $A = 123mm$；主栅两侧细栅长度 $B = 30.25mm$；电池边长栅线间距 S 和主栅宽度 W_B 待求。

将上述各种损失的和对 S 求导，就可以计算出最佳的栅线间距 $S = 2.756mm$。计算得到的栅线条数为 44 条。总功率损失 11.46%。

这种模型计算栅线间距的方法比较简单。缺点是假设各处的电流密度都为电池最大功率点电流密度；假设电流流过扩散层、细栅、主栅时都是线性增加。然而对于实际晶体硅太阳电池，由于工艺过程中产生的电池参数差异，比如发射极方阻均匀性差异、金属栅线宽度及高度不均匀、PECVD 沉积 $SiN_x:H$ 膜厚度不均匀等，将会导致电池各区域的电流密度、复合电流密度及串联电阻分布产生差异。这些实际工艺过程中产生的参数差异，将会导致计算结果不精确，但此模型已经可以为工业生产提供参考。此模型只要把公式稍加改动，就可以运用到各种高效电池电极图形的设计中。值得注意的是，在计算过程中，参数的选取对计算结果影响很大。因此在对不同结构电池的电极图形设计中要谨慎选择各参数，最好是采用电池实际测试结果作为参数。

7.2.2 丝网印刷原理

丝网印刷是利用丝网网版的图形部分，局部网孔能够透过浆料，漏印至硅片上；其他部分网孔属于非浆料透过区域，在承印物上形成空白的原理进行印刷。印刷时在丝网一端倒入浆料，用涂墨刀（刮条）将浆料均匀地摊覆在网版上，再用刮刀在丝网的浆料部位施加一定压力，同时朝丝网另一端移动。浆料在移动中被刮刀从图形部分的网孔中挤压到硅片上，硅片与网版之间需要保持一定距离，这个距离称为网间距。主要作用是使刮刀移开时，丝网通过自身张力迅速脱离硅片，保持刮刀与丝网印版和硅片表面的线接触，由此保证了印刷尺寸精度和避免污染硅片。

如图 7-2 所示，丝网印刷由印刷设备、网版、浆料、硅片四要素组成。各要素都对最终印刷质量产生一定影响。

① 印刷设备：刮刀（材料、角度）、印刷压力、印刷速度、网间距、印刷面积；

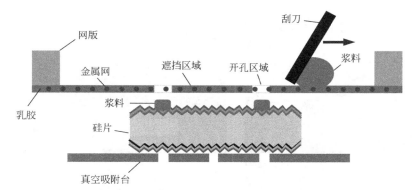

图 7-2   丝网印刷原理示意图（包括银浆、网版、刮刀及电池等部件）

② 网版：丝网丝径、目数及开口率、网版设计线宽、张网角度；

③ 浆料：成分、流变性、触变性；

④ 硅片：绒面大小、扩散浓度。

7.2.3   烧结原理

丝网印刷后需要对电池进行烧结，才能形成良好的接触并达到收集电流的目的。一般晶体硅太阳电池有前银电极、背银铝电极和铝背场，产线上分为一道背银浆料印刷、二道背铝浆料印刷和三道正银浆料印刷。分别形成 Ag/Si、Al/Si 两种接触，下面分别对其接触机理进行介绍。

（1）前电极 Ag-Si 接触

正银烧穿 SiN_x 与发射极接触的过程被广泛研究，但是由于银浆料的配方属于商业机密，因此，学术方面的研究主要集中于基础原理。整个过程主要分为以下几个步骤：① $T<550℃$ 时，有机物开始挥发，玻璃料进行软化；② 在 $550℃<T<700℃$ 时，玻璃料流到 SiN_x 表面，开始对薄膜进行腐蚀，腐蚀的原理是 PbO 与 SiN_x 发生化学还原反应。在此过程后，玻璃料中的 PbO 还会进一步与 Si 发生反应，生成 Pb 和 SiO_2，导致金字塔表面出现腐蚀性凹坑；③ 在 $700℃<T<850℃$ 时，开始出现银晶粒，银晶粒促成了有效的 Ag/Si 接触；④ 快速降温阶段，开始出现大量的银晶粒，同时也有大量的 Ag/Pb 层的存在。最终形成的烧结后的电极横截面示意图如图 7-3 所示。因此电极的接触电阻很大程度上受玻璃料层的影响，而玻璃料层的厚度取决于烧结工艺。

（2）背面铝电场（BSF）

Al 浆在烧结工艺中，Al 与 Si 在表面发生相互作用形成 Al-BSF，即为 p/p+ 高低结。铝背场的深度是关于烧结温度和时间的函数，烧结温度越高，时间越长，铝背场越厚。Al/Si 合金层是不均匀的，但可以产生几微米厚的 Al 掺杂区。为了进一步提升铝背场的掺杂浓度和结深，主要通过在铝浆料中添加硼浆，提高表面掺杂浓度和结深。

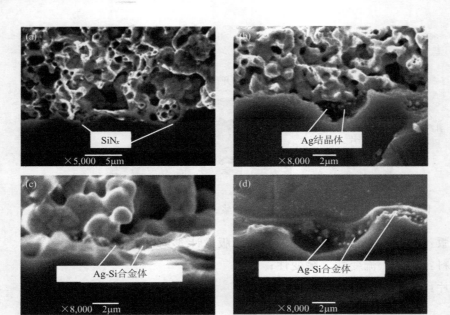

图 7-3　正银硅接触截面图（展示了 Ag 浆料烧穿 SiN$_x$ 与发射极接触的过程）

（3）PERC 电池局域铝背场烧结原理

PERC 电池，背面采用的是局域铝背场结构取代全面铝浆料印刷技术，根据 PERC 电池铝背场烧结动力学方程，局域铝背场的厚度和宽度与实际激光开膜尺寸参数、烧结炉的炉温、履带速率、铝浆料铝含量等参数有关。在烧结过程中，PERC 电池的背面局域铝接触结构限制了熔融铝的扩散长度，在冷却过程中能够快速地回到铝背场接触区域，形成较厚的 Al-BSF。此外，在相同烧结峰值温度时，PERC 双面电池因其采用背面铝栅线结构，有效地减小熔融铝的扩散长度，导致铝背场厚度比 PERC 单面电池厚 $2\sim3\mu m$，可以进一步降低背面局域铝背场的复合电流密度。

7.2.4　烧结工艺对电池性能的影响

在丝网印刷 PERC 太阳电池背面铝浆料烧结后形成局域铝背场的过程中，部分区域形成了空洞（voids）现象，导致电池性能严重下降，且在电致发光（electro luminescence，EL）测试中，出现大量的黑线，引起广泛的关注。空洞的原理主要是由 Kirkendall 效应引起的，在烧结工艺的冷却过程中，在固化前，铝硅共熔体在往接触区域扩散过程中，未能及时返回接触区域，因此接触区域出现空洞。2012 年，中山大学太阳能研究所陈达明博士，通过 SEM 观察局域铝背场，并将空洞统计为 5 种类型。2014 年，陈奕峰等人针对空洞问题进行数值模拟分析，随着空洞率的增加，将会降低 PERC 电池背面少数载流子电子的浓度，造成严重的复合，引起开路电压和效率的降低。因此，提出了采用二次印刷铝浆料的方式，限制铝硅共熔体在升温过程中的扩散距离，可有效地降低空洞率。2015 年，德国 Konstanz 大学的 Thomas Lauermann 等人提出局域铝背场扩散方程，认为烧结温度、履带传输速率、铝浆料及激光开膜工艺都会对空洞率产生影响。烧结工艺对 V_{oc} 提升的机理，与烧结炉的炉温、履带速率、铝浆料铝含量等参数有关。在烧结过程中，形成较厚的 Al-BSF，形成的 p/p＋高低结越深，少子在背面和体内被复合越少，背电场（BSF）作用越好，铝背场的复合电流 I_o 越小，越能提高 V_{oc}。开路电压 V_{oc} 的表达式为：

$$V_{oc} = \frac{nkT}{q} \ln \left[\frac{I_p}{I_o} + 1 \right]$$

(7-9)

式中，理想因子 $n=1\sim2$，$T=25℃$ 时，热电压 $kT/q=0.0259V$。

此外，采用烧结时的高温会激发 $SiN_x：H$ 薄膜中的 H^+，对发射极表面与体区进行了钝化，从而降低 I_o，提高 V_{oc}。烧结工艺在电池表面、体内、背面分别要达到三大目标，如表 7-1 所示。总的来说，烧结应该降低串联电阻 R_s 和降低暗电流 I_o，从而大大提高电池性能。

表 7-1　烧结技术对表面、体内、背面的作用与目的

项目	作用	目的
表面	由 Ag 浆把淀积在正表面的 $SiN_x：H$ 减反射膜溶解，在正表面 Ag 和 Si 相互作用生成 Si-Ag 合金组分，H^+ 向发射极内部扩散	要产生均匀的欧姆接触。降低串联电阻 R_s、提高并联电阻 R_{sh}、减少表面复合中心，降低 I_o，提高 V_{oc} 和提高 FF
体内	把 $SiN_x：H$ 减反射膜的 H^+ 从界面扩散入体内，钝化体内杂质（吸杂作用）和缺陷	获得很好的体内钝化，减少体内复合中心，降低暗电流 I_o，提高短路电流 J_{sc} 和开路电压 V_{oc}
背面	在背面形成 Si-Al 合金以产生 p/p＋高低结背面电场（BSF）	降低背面和体内少数载流子的复合，降低暗电流 I_o，提高开路电压 V_{oc} 和短路电流 J_{sc}

7.3　丝网印刷设备与生产

7.3.1　丝网印刷基本工具与浆料

（1）网版

丝网印刷机如图 7-4 所示，采用的网版丝网通常由尼龙、聚酯、丝绸或金属网制作而成，如图 7-5 所示。当硅片直接放在带有模版的丝网下面时，丝网印刷浆料在刮刀的挤压下穿过丝网中间的网孔，掉落到硅片上。丝网上的模版把一部分丝网小孔封住使得浆料不能穿过丝网，而只有图像部分能穿过，因此在硅片上只有图像部位有印迹。网版由网框、不锈钢丝网、乳胶膜组成。

网框的作用是固定丝网，承受绷网所产生的拉力，大多采用硬铝及铝合金材料，可重复使用。连接丝网的底面需要较高的平面度，网框面积要比硅片面积大两

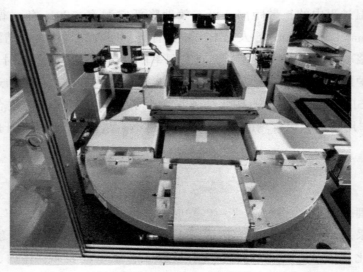

图 7-4　丝网印刷机（拍摄于江苏润阳悦达光伏公司）

倍以上，网框太小，印刷至硅片边缘时，丝网形变大，将降低网版寿命。通常印刷
156mm×156mm 电池，正电极网版网框尺寸为 450mm×450mm。制作网版工艺
过程：首先在网框上拉制一块不锈钢丝网，所用钢丝线径 13～20μm；接着覆盖一
层有机光敏乳胶膜，乳胶膜是一层厚度为 6～25μm（视印刷需要而定）的半透明
聚合物薄膜，作用是填堵丝网网孔，将图形区域露出，使印刷时形成所需的图案；
在靠硅片的一边沉积光阻层，并压印到不锈钢丝网上，用紫外灯通过菲林底片照射
感光胶，照射的区域固化，将未固化的图形区域洗掉，在丝网上就形成了所要的电
极图形。

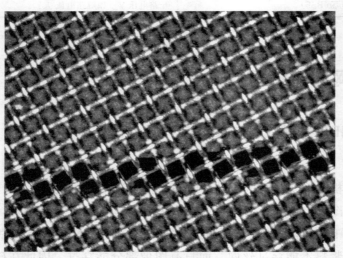

图 7-5　网版丝网交织金像显微镜图（拍摄于江苏润阳悦达光伏科技有限公司）

网版通常使用酒精、松油醇等有机溶剂清洗。遇到浆料堵网难以用有机溶剂擦
去的情况，可用刮刀在网版上来回移动，将堵网颗粒刮出。清洗后的网版应竖立摆

放以防止丝网下垂。不锈钢丝网最重要的特征参数就是线径（d）和网孔宽度（W），如图7-5所示为网版丝网交织金像显微镜图，其他的参数基本上由它们衍生出来。目数，是指单位长度内的网孔数量，用于说明丝网丝与丝之间的疏密程度，单位是孔/cm或线/cm。使用英制计量单位的国家和地区，以孔/in或线/in来表达丝网目数。

网孔宽度（W）计算公式如下：

$$W = \frac{25.4}{经向目数} - 标准线径 \tag{7-10}$$

目数计算公式：

$$每厘米目数 = \frac{10}{W+d} \tag{7-11}$$

$$每英寸目数 = \frac{25.4}{W+d} \tag{7-12}$$

网版的开孔率（A_0）、理论透墨高度（t）与理论透墨体积（V_{th}）。开孔率（A_0）直接影响印刷时油墨的透过体积，其计算公式如下：

$$A_0 = \left(\frac{10}{W+d}\right)^2 \times 100\% \tag{7-13}$$

如图7-6所示，当丝网厚度为D、开孔率为A_0时，理论透墨高度即为丝网厚度与开孔率之积：

$$t = \left(\frac{W}{W+d}\right)^2 \times D \tag{7-14}$$

单位面积内的理论透墨体积（V_{th}）：

$$V_{th} = t \times 1 = \left(\frac{W}{W+d}\right)^2 \times D \tag{7-15}$$

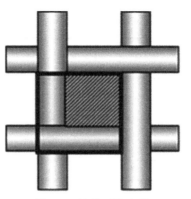

图7-6　计算开孔率的重复单元示意图

丝网厚度（D）是指丝线经纬向交叉的厚度，丝网的线径和编织技术决定了丝网厚度，其与油墨透过体积也有一定的关系。其计算的经验公式如下：

$$D_{平均} = 2 \times d \times (1+5\%), D_{最小} = 2 \times d, D_{最大} = 2 \times d \times (1+20\%) \tag{7-16}$$

式中，d为涂覆在丝网上的感光胶的厚度。

开孔率也是空间面积与全体面积的比率：

$$开孔率(\%) = \left(\frac{开口}{开口+线径}\right)^2 \times 100\% \tag{7-17}$$

由此可算出，325目、线径$28\mu m$、开口$50\mu m$的网版开口率为41%。网版目数、线径决定了网版的开孔率，这会影响通墨量，也会影响可印刷的最小图形宽度，见图7-7。对于背电极和背场印刷来说，由于图形简单，对网版的要求不高，考虑印刷厚度即可。正电极印刷是对印刷要求最高的一道印刷工序，网版目数及线径的选取要保证栅线的宽度要求及印刷膜厚的均匀性，一般选用380目、线径

14μm 即可满足要求。不锈钢丝网技术参数见表 7-2。

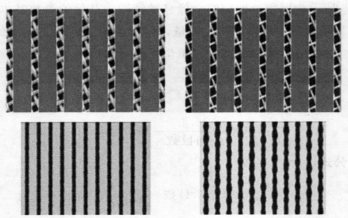

(a) 开孔率为40%的丝网产品　　　(b) 开孔率为60%的丝网产品

图 7-7　不同开孔率网版精细线（线宽 50μm）印刷效果对比

表 7-2　不锈钢丝网技术参数

项目	背场/背电极	正电极	
线径/μm	32	24	18
开口大小/μm	59	53	45
目数	280	325	400
开孔率/%	42	47	51
平均厚度/μm	68±2.0	52±1.5	40±1.0
厚度公差(误差)/μm	±2	±2	±2
透墨体积/(cm³/m²)	29	25	20
张力 0.1%弹性保留/(N/cm)	29～31	17～19	12～14
张力 0.5%弹性保留/(N/cm)	21～23	13～15	8～10

　　印刷栅线宽度受制于丝网的线径及网孔的宽度。参考公式（7-19），K 为可印刷的栅线宽度，S 为丝网丝径，R 为开口大小，如选用 325 目丝网，可印 101μm 的栅线；选用 400 目网版，可印 81μm 的栅线。

$$K = 2S + R \tag{7-18}$$

　　通过提高目数、降低不锈钢线径可以印刷得到更细的栅线。但目数增大，丝网与乳胶膜的附着力减小，所使用的乳胶膜厚度不能太厚，印刷高度受限；线径减小，网版成本成倍增加。另外不同线径的不锈钢丝制作的网版张力也不同，线径越小，张力越小，印刷时网版越易破损，刮刀最大可施加的压力越低。如图 7-8 和图 7-9 所示为刮条、刮刀的实物图以及刮刀部件、装配状态。

　　乳胶膜厚度：乳胶膜的厚度直接影响栅线的高度，同时对印刷精度也有一定影响。工业丝网印刷通常使用的乳胶膜为 10～15μm。当膜厚小于网版设计栅线宽度时，增加膜厚，栅线高度增加；当膜厚大于网版设计的栅线宽度时，膜厚增加，通

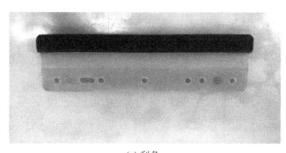

(a) 刮条 (b) 刮刀

图 7-8 刮条与刮刀实物图（拍摄于江苏润阳悦达光伏科技有限公司）

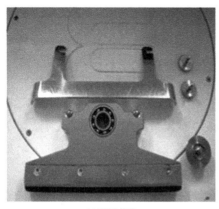

(a) 刮刀部件 (b) 装配状态

图 7-9 刮刀部件及装配状态（拍摄于海润光伏科技有限公司）

墨量降低，栅线高度反而减小。因此膜厚增加，可以印刷的最小栅线线径增大。另外，网版丝网线径降低，目数增高后，由于附着力的影响，可使用的乳胶膜膜厚受限，但可以通过双面贴乳胶膜来提高相对膜厚。

网版张力：丝网的张力与所用钢丝的线径及目数有关。目数越低，丝径越粗，丝网承受的张力越大。张力太低或印刷过程丝网张力不稳定，在刮板压力下会出现网点扩大和网点丢失，影响印刷精度，对于背铝和背银工序一般选取 40～50N/cm，正银工序则选取 60～70N/cm。

丝网角度，是指网版制作时钢丝与网框在水平面上所呈的角度。栅线设计时与边框平行，因此可通过丝网与栅线的角度来反映丝网角度。丝网角度会直接影响通墨量，从而影响电极图形及质量。一般正栅线丝网角度为 22.5°，铝背场及背电极丝网角度为 45°或 22.5°。

（2）刮刀

刮刀的作用是将浆料以一定的速度和角度压入丝网的漏孔中，刮刀在印刷时对丝网保持一定的压力，刃口压强在 10～15N/cm 之间，刮刀压力过大容易使丝网发生变形，印刷后的图形与丝网的图形不一致，也加剧刮刀和丝网的磨损，刮刀压力过小会在印刷后的丝网上存在残留浆料。刮刀中的刮条一般为四方长条形状，具有

4个刃口并可逐个使用,如图7-9所示。刮条材料必须耐磨,一般为聚氨酯橡胶或氟化橡胶,硬度范围为60～90HA。刮条的硬度低,印刷图形的厚度大,但印刷栅线边缘容易模糊;提高刮刀硬度有助于增加印刷分辨率,但刮刀硬度过高则印刷不均匀并导致碎片产生。刮刀刃口要有很好的直线性,保持与丝网的全线性接触。

刮刀角度是指沿印刷方向衬底平面与刮刀侧面所呈的角度。刮刀角度的设定与浆料有关(一般设置为45°),浆料黏度越高,刮刀角度越小。因为浆料黏度高则流动性差,增大刮刀对浆料向下的压力,使浆料透过网孔到达衬底。刮刀角度调节范围为45°～75°。在印刷过程中起关键作用的是刮刀刃口2～3mm的区域。新刮条刃口较尖,对丝网的局部压力很大,印刷时近似直线。印刷过程中刮刀与丝网摩擦,刃口逐渐磨损,呈圆弧形。刮刀刃口处与丝网的实际角度远小于45°,这使得压力在丝网方向的分量增大,单位面积垂直方向的压力明显减小,印刷后丝网表面会有残余浆料,易发生渗漏,同时印刷线条边缘模糊。这时需要更换刮刀。

(3)浆料

导电浆料主要成分为金属粉粒、树脂、有机溶剂、玻璃/陶瓷材料及其他添加物。因为有粉粒沉降及聚集问题,使用前必须有良好搅拌。浆料必须储存于室内阴凉处,避免高温暴晒以免变质。浆料性能对时间较敏感,不可存放过久,如超过保质期,浆料印刷性能会明显下降。

不同的浆料(铝浆、银浆、银铝浆)成分不同,所以印制条件及后续烧结条件也有所差异,其结果对电池效率有很大影响。其中形成良好的欧姆接触和背场(BSF)最为关键,电极材料的选择上应具备以下几点:①能与硅形成牢固的接触;②这种接触应是欧姆接触,接触电阻小;③有优良的导电性;④可焊性好;⑤化学稳定性好;⑥成本低。

Ag浆(前电极):浆料主要包含导电材料、玻璃料(glass frit)、有机黏合剂、有机溶剂。其中导电材料主要是大小为几百纳米至十几微米的银颗粒,占浆料总重的60%～80%左右;玻璃料主要是氧化物(PbO、B_2O_3、SiO_2、BiO_3、ZnO)粉末,占总重的5%～10%左右。前电极印刷浆料通常包含60%～80%(质量分数)左右的银,这些银形成了最终的导电电极。银粉可以是1～2μm的球状颗粒,也可以是5μm左右的片状粉末。银粒的大小形状对最终形成的电极导电率影响很大。

Al浆(BSF背电场):铝浆包含1～6μm的Al颗粒、玻璃料、有机黏结剂和溶剂。影响因素:开路电压、背面内反射、接触电阻、短路电流。PERC电池的背面,主栅线用的是银浆料,而背面采用的是铝浆料,图7-10所示为儒兴铝浆浆料实物图。铝与衬底硅可形成铝硅合金,可提高与硅衬底的粘接性能,同时在电极处形成p+层,起到良好的钝化效果,但纯铝的可焊性差,导电性能低于银,因此在铝浆料中添加银粉以达到良好的导电性能和可焊性。目前的PERC电池铝浆,为了在烧结后,达到较大的局域铝背场厚度和较高的掺杂浓度,通常需要掺入硼浆料。

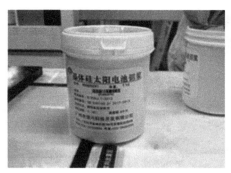

图 7-10　儒兴铝浆浆料（拍摄于江苏润阳悦达光伏科技有限公司）

玻璃料是由金属氧化物（铅、铋、硼、铝、铜、钛、磷等）和二氧化硅熔化形成的均匀玻璃碾碎形成。玻璃料使得浆料中的金属粒子在烧结后能融入硅基体，形成良好的接触，因此它的含量会对整体电池的串联电阻影响很大［不能小于 5％（质量分数）］。有机溶剂的作用是溶解金属粉末，成为金属粉末的载体。可挥发的溶剂在烘干过程中会挥发掉。不可挥发聚合物及树脂使金属粉末在印刷后能够牢固地粘接在硅片上，形成具有一定拉力的 Ag/Si 接触。印刷正电极时，刮刀水平移动，浆料在切应变力的作用下黏度降低，透过网孔到达硅片基体上；刮刀移走，网版回弹后，停留在硅片上的浆料黏度迅速恢复，使得印制好的栅线不坍塌。因此，正电极要选择流变性能好且相对黏稠的浆料。

背电极的要求是要有较好的均匀性、较高的附着性、可焊性及导电性。背场要求均匀性好，与衬底的附着性佳，导电性能优越，烧结后的硅片不发生明显弯曲。但是，对背面网版只要求有合适的图形，对丝网、目数等其他网版参数的要求不高。

7.3.2　丝网印刷工艺流程与生产线设备

常规 Al-BSF 太阳电池无需激光开膜，直接印刷背银—烘干—印刷背铝浆料—烘干—印刷正面银浆料—烧结—测试分选。而 PERC 太阳电池需要激光开膜，具体工艺流程为：激光开膜—印刷背银浆料—烘干—印刷背铝浆料—烘干—印刷正面银浆料—烧结—测试分选，如图 7-11 所示。图中，p^{++} 为局域掺杂的铝背场。

（1）丝网印刷设备

太阳电池用丝网印刷机主要生产厂家有美国 AMI、意大利 Baccini Spa、德国 MANZ、日本 NPC、荷兰 OTB 等。虽然各印刷设备的设计理念和产能有差异，但是电极印刷工艺流程基本相同。目前，丝网印刷设备已经国产化，进口设备很多被淘汰。国产丝网印刷设备厂商主要是迈为及科隆威，目前 PERC 电池生产线普遍采用双边印刷技术，理论产能可以达到 5500 片/h。表 7-3 为国产 PERC 电池丝印设备及参数。

（2）丝网印刷流程

丝网印刷流程见图 7-12。

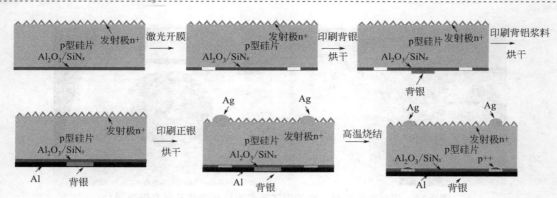

图 7-11　PERC 太阳电池激光开膜、丝网印刷与烧结工艺流程

表 7-3　常见国产 PERC 电池丝印设备及参数

设备厂家	相关参数
科隆威丝网印刷机与烧结炉	产能:双轨印刷,超过 6000 片/h 带速:<10m/min 烧结温度<1000℃
迈为丝网印刷机与烧结炉	产能:双轨印刷,超过 5000 片/h 最大印刷区域:170mm×170mm 最大印刷速度:400mm/s 最大刮刀行程:240mm 最大印刷压力:150N 带速:<8.5m/min 烧结温度<1000℃

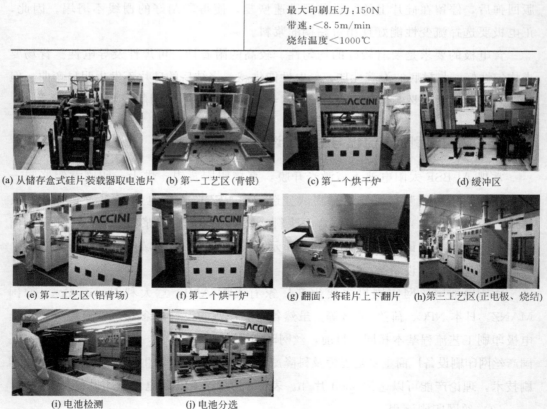

(a) 从储存盒式硅片装载器取电池片　(b) 第一工艺区(背银)　(c) 第一个烘干炉　(d) 缓冲区

(e) 第二工艺区(铝背场)　(f) 第二个烘干炉　(g) 翻面,将硅片上下翻片　(h) 第三工艺区(正电极、烧结)

(i) 电池检测　(j) 电池分选

图 7-12　丝网印刷流程

7.3.3 设备参数对印刷的影响

（1）印刷压力的影响

如图 7-13 所示，在印刷过程中刮胶要对丝网保持一定的压力，且这个力必须是适当的。印刷压力过大，易使网版、刮胶使用寿命降低，使丝网变形，导致印刷栅线高宽比减小。印刷压力过小，易使浆料残留在网孔中，造成虚印和粘网。在适当的范围内加大印刷压力，透墨量会减小（浆料湿重减小），栅线高度下降，宽度上升。

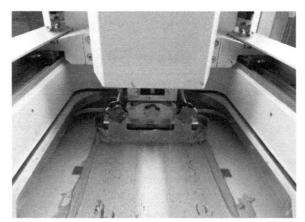

图 7-13 丝网印刷（拍摄于江苏润阳悦达光伏科技有限公司）

（2）印刷速度的影响

印刷速度的设定必须兼顾产量和印刷质量。对印刷质量而言，印刷速度过快，浆料进入网孔的时间就短，对网孔的填充性变差，印刷出的栅线平整性受损，易产生葫芦状栅线。印刷速度上升，栅线线高上升，线宽下降。印刷速度变慢，下墨量增加，湿重上升。

（3）丝网间距的影响

在其他条件一定的情况下，丝网间距与湿重的关系：丝网间距增大，下墨量上升，湿重增大。但是，若丝网间距过大，易使印刷图形不全，若过小，容易粘网。

（4）刮胶角度的影响

刮胶角度的调节范围为 $45°\sim75°$，实际的刮胶角度与浆料有关。浆料黏度越高，流动性越差，需要刮胶对浆料向下的压力越大，刮胶角度就越小。刚开始印刷时近似直线，刮胶刃口对丝网的压力很大，随着印刷次数增加，刃口呈圆弧形，作用于丝网单位面积的压力明显减小，刮胶刃口处与丝网的实际角度小于 $45°$，易使印刷线条模糊，粘网。在可调范围内，减小刮胶角度，下墨量增加，湿重加大。刮胶刃口钝，下墨量多，线宽大。

（5）浆料黏度的影响

浆料的黏度是浆料的一个重要参数，将会对栅线的高宽比及可印刷线产生重要影响。黏度与浆料的有机成分有关，与流动性成反比，黏度越低，流动性越大，可在一定程度保证印刷的质量。若浆料黏度过大，透墨性差，印刷时易产生小孔。若浆料黏度过小，印刷的图形易导致栅线宽度变大，产生气泡、毛边等异常现象。

(6) 纱厚、膜厚的影响

一般情况下，丝网目数越低，线径越粗，印刷后的浆料层越高，因此丝网目数较高时，印刷后浆料层就低一些。对于同目数的丝网，纱厚越厚，透墨量越少。在一定范围内，感光胶膜越厚，下墨量越大，印刷的栅线越高。但膜厚增大，易造成感光胶脱落。

设备参数对印刷的影响见表 7-4。

表 7-4 设备参数对印刷的影响

参数	影响
印刷压力（pressure）	刮刀压力越小，填入网孔的墨量就越多
印刷速度（speed）	湿重在某一速度下达到最大值，低于此速度，速度增大湿重增大；高于此值，速度增大湿重较小
印刷高度（down-stop）	印刷高度越大，湿重越小
丝网间距（snap-off）	丝网间距增大，油墨的转移量也增大，但随着印刷压力的增加，丝网间距对油墨转移量影响趋小
刮刀截面	对刮刀的截面形状来说，刮刀边越锐利，线接触越细，出墨量就越大；边越圆，出墨量就越大

7.4 烧结工艺

烧结是在重掺杂的硅表面，在空气环境下形成硅和金属合金结构的高温退火过程。浆料中的固体颗粒系统是高度分散的粉末系统，具有很高的表面自由能，烧结时系统的自由能降低，系统转变为热力学中更稳定的状态。

在烧结初期，相互接触的颗粒逐渐形成颈部连接，扩散的机制主要是表面扩散，扩散到颈部的原子与过剩的空位交换位置；在烧结中期，每个颗粒周围的空隙减小成由节点连接的网络通道，细孔网格的空位大量扩散到烧结材料的体内，最后，细孔通道封闭转变成晶界，并在晶界或角隅处留下一些孤立的小孔；在烧结后期，扩散的主要机制是晶界扩散，伴有体扩散占主导的晶粒长大过程。

目前对太阳电池的烧结工艺主要采用红外链式烧结炉烧结。烧结工艺的 T-t 曲线，是由烧结炉结构、各个温区的温度和带速决定的。烧结炉的带速与丝网变频器的频率具有很好的线性关系，网带速度＝速度系数×频率，如图 7-14 和图 7-15 所示。红外链式烧结炉采用卤钨灯加热，波长在 0.5～3mm，不同于一般的电阻丝加热炉（波长在 3～7mm），也不同于快速热处理烧结炉（波长主要在可见光波段）。烧结炉共有 9 个温区，在各个温区有相应的热电偶，通过测量热电偶的位置和设定的频率就可以计算出到达热电偶位置的时间，根据温度和时间，再假设温区之间的温度呈线性分布，那么就可以描绘出烧结炉不同工艺下的 T-t 曲线。常用烧结工艺如表 7-5 和图 7-14、图 7-15 所示，包含了有机物的挥发、Ag/Si 和 Al/Si 接触的形成、铝背场的固化等过程。

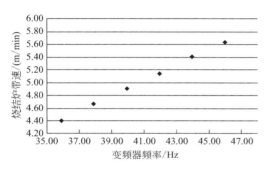

图 7-14　烧结炉带速与频率的关系

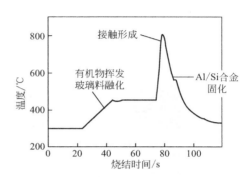

图 7-15　烧结炉温度曲线工艺

表 7-5　烧结工艺参数（带速为 6m/min）

温区	9	8	7	6	5	4	3	2	1
温度/℃	825	750	650	550	450	410	300	300	300

7.5　相关检测

7.5.1　外观检测

印刷的一些常见问题可以通过肉眼观察到，表 7-6 是五种常见问题及成因。

表 7-6　印刷常见问题及成因

问题	表现	可能成因
翘曲	硅片弯曲过大	硅片太薄、铝浆料太厚、温度过高、冷却区效果不好
铝包	铝背场处出现凸起的小包	温度过高、铝浆太薄、铝浆搅拌不充分、烘干时间不够、烧结排风太小、冷却区效果不好
虚印	电极整体颜色不均匀	印刷压力过大、印刷板间距太大、刮刀不平、工作台不平、导轨不平
粗线	栅线宽度过大、不均匀	网版使用次数过多、网版参数不合格、浆料搅拌时间太长、印刷机参数不合适
漏印	局部电极没有印上	网版有破损或者杂物

7.5.2　栅线高宽比

高宽比指的是栅线高度和宽度的比值，这是判断细栅印刷质量的重要参数。目前，较为常用的检测仪器是 3D 轮廓仪。3D 轮廓仪使用的测量方法是相位轮廓测量法，其原理是：在光源处利用光栅调制出具有条纹状特征的光线图像，并照射到物体表面，然后利用 CCD 收集其反射图像，根据条纹图像的变化计算出反射光线的相位变化，最后通过这些相位变化计算出物体表面高度变化。

正面细栅的宽度一直在下降，从最早大于 $100\mu m$，到前几年 $80\mu m$，目前大部分厂家的细栅线宽度在 $35\sim45\mu m$，高度在 $15\sim20\mu m$。其测试主要是通过图 7-16 所示的轮廓仪，形成图像后采集到栅线的参数。

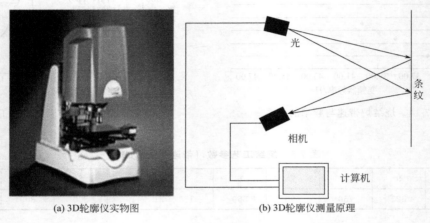

(a) 3D轮廓仪实物图　　　　　　(b) 3D轮廓仪测量原理

图 7-16　3D 轮廓仪（Wyko NT9100）实物图及测量原理

7.5.3　接触电阻率

对晶体硅太阳电池而言，电极接触最理想的状态通常是指在硅基底与金属电极材料间形成理想的欧姆接触，此时接触电阻 R_c 相对于体电阻等内阻因子可忽略不计。随着太阳电池效率的不断提高，接触电阻的影响也逐渐被人们所关注。目前测量接触电阻的方法有两种，一种是 Corescan 法，另一种是传输线（TLM）法。

（1）Corescan 法

图 7-17（b）所示为 Corescan 原理图，图中测试样品电池负载电阻为零，处于短路状态。设备的外部光源在测试区表面形成一圆形光斑，此时光生电流在光斑区域产生。光斑中心处有一金属探针直接与电池表面接触（要穿透用于减反射和钝化的介质层），用于测试电池前表面的电势情况。测试时探针与光源进行等量平移，对电池全片的接触情况进行扫描分析。如图 7-18 所示，经过电势扫描，该设备软件可以计算出测试点的接触电阻和线接触电阻。对于在生产线上监控印刷和烧结质量有很好的帮助。

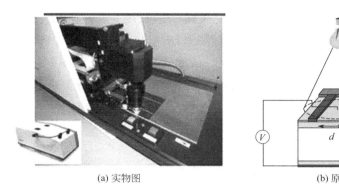

(a) 实物图   (b) 原理图

图 7-17 　Corescan 测试仪实物图（荷兰 Labsun 公司）及 Corescan 测量原理图

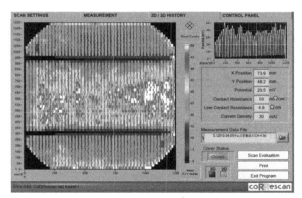

图 7-18 　Corescan 测量结果（操作软件截图）

（2）传输线法

传输线法（transmission line method，TLM）是晶体硅太阳电池中常用方法。如图 7-19（a）所示为 TLM 测试的原理图。样品制备方法为：先将电池通过激光划片机切为与细栅线垂直，且不包含主栅线的长条形样品，使细栅不再由主栅连通，然后用 TLM 设备分别测量不同间隔细栅间的电流电压值，如取 L_1、$2L_1$、$3L_1$、$4L_1$、$5L_1$、$6L_1$ 等。

$$\rho_c = R_c L_T W \tag{7-19}$$

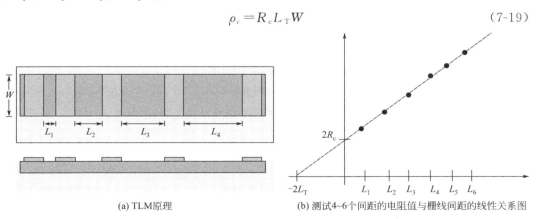

(a) TLM原理   (b) 测试4~6个间距的电阻值与栅线间距的线性关系图

图 7-19 　TLM 法

式中，ρ_c 为接触电阻率；W 为样品金属栅线的长度；L_T 为栅线的间距；$2R_c$ 为 y 轴截距；$2L_T$ 为 x 轴截距。通过拟合测量结果为直线，计算出接触电阻和方块电阻，再根据传输线原理结合栅线宽度、长度计算出接触电阻率。该方法虽然测量过程烦琐，但在对接触电阻的测量精确度上比 Corescan 设备更准确，常用于研发试验。

复习思考题

1. 说明下列警示标识的含义。

2. 烧结工艺包括哪些步骤？

3. 分别写出丝网印刷背极、背场、正极的目的、作用和使用的浆料以及烘箱的作用。

4. 说明正面银浆料烧穿 SiN_x：H 的原理。

5. 银浆的主要成分有哪些？

6. 烘干和烧结一般最高温度分别是多少？

7. 简述烧结炉各温区的温度和作用。

8. 印刷正面栅线的高度、宽度分别和哪些因素相关？

9. 栅线图案设计主要考虑哪些因素？

10. 接触电阻率的测试方法通常有哪些？

参考文献

[1] 朱薇桦. 晶体硅太阳电池电极研究. 广州：中山大学，2010.

[2] 冯源. 晶体硅太阳电池电极烧结工艺与接触电阻测试的研究. 广州：中山大学，2013.

[3] 李军勇，梁宗存，赵汝强. 晶体硅太阳电池前电极形成机理分析. 材料导报，2009，23（14）：8-11.

[4] Schubert G，Huster F，Fath P. Physical understanding of printed thick-film front contacts of crystalline Si solar cells——Review of existing models and recent developments. Solar energy Materials and Solar Cells，2006，90（18-19）：3399-3406.

[5] Ralph E L. Recent advancements in low cost solar cell processing. In Proceedings of the 11th IEEE Photovoltaic Specialists Conference. Scottsdale，Ariz，1975：315-316.

[6] Neuhaus D H，Münzer A. Industrial silicon wafer solar cells. Advances in OptoElectronics，2007.

[7] Antonio Luque，Steven Hegedus. Handbook of photovoltaic science and engineering. John Wiley & Sons，Ltd，2003：276-279.

[8] Marco Galiazzo，Valentina Furin，Giorgio Cellere，Andrea Baccini. New technologies for improvement of metallization line. Hamburg：24th EUPVSEC，2009.

[9] Burgers A R. How to design optimal metallization patterns for solar cells. Progress in Photovoltaics：Research and applications，1999，7（6）：457-461.

[10] Burgers Antonius Radboud. New metallisation patterns and analysis of light trapping for silicon solar cells. Energieonderzoek Centrum Nederland，2005.

[11] Steve Ernster，Hugo Gmür. Screen printing stencil variables and their importance for printing on silicon solar cells. 24th European Photovoltaic Solar Energy Conference. Hamburg，Germany，2009.

[12] Schroder D K，Meier D L. Solar cell contact resistance—A review. IEEE Transactions on Electron Devices，1984，31（5）：637-647.

[13] Ansgar Mette. New concepts for front side metallization of industrial silicon solar cells// Ph. D. Thesis. Angewandte Wissenschaften der Albert-Ludwigs-Universität Freiburg，Breisgau，2007.

[14] Vinod P N. Application of power loss calculation to estimate the specific contact resistance of the screen-printed silver ohmic contacts of the large area silicon solar cells. J Mater Sci：Mater Electron，2007，18：805-810.

[15] 石德珂. 材料科学基础. 北京：机械工业出版社，2003.

[16] 刘恩科，朱秉升，罗晋生. 半导体物理学. 第4版. 北京：国防工业出版社，2010.

[17] Tao Y. Screen-printed front junction n-type silicon solar cells. In Printed Electronics-Current Trends and Applications. IntechOpen，2016.

[18] Wang H，Ma S，Zhang M，Lan F，Wang H，Bai J. Effects of screen printing and sintering processing of front side silver grid line on the electrical performances of multi-crystalline silicon solar cells. Journal of Materials Science：Materials in Electronics，2007，28（16）：2007.

[19] http://www. folungwin. com/.

[20] http://maxwell-gp. com/.

第 8 章

电池测试、分档及修复

晶体硅太阳电池生产的最后一道工序就是电池性能和外观检测。目前太阳电池生产线针对电池的 I-V 性能、EL 性能、外观及分档，配备了相应的检测仪器，并有一套严格的检测程序。检测的目的一方面是为了确认生产工艺的控制情况，另一方面是为了按照标准进行太阳电池分档。电池分档和外观检测将会对组件的性能和外观起到决定性作用。因此，电池检测反映产品的性能，便于发现生产工艺、所用材料存在的问题，同时为保证生产良品率与提高产品性能提供关键数据参考。

8.1 光电性能测试

8.1.1 电流-电压（I-V）特性曲线测试

电流-电压（I-V）特性曲线测试是太阳电池最主要的内容，其测试结果对于评价电池性能具有重要的参考意义。在第 2 章中，已经详细介绍了太阳电池的 I-V 特性曲线，并说明了根据其计算太阳电池重要参数的方法。在这一节将简单介绍 I-V 测试仪的结构、测试原理及条件。

标准的 I-V 特性曲线测试仪结构示意图如图 8-1 所示，主要由暗室、光源、样品台、电池夹具、温度测量仪、电学测量仪、计算机等部分组成。各部分的功能如下：

（1）暗室

用于阻挡外界光对 I-V 测试的影响，有些仪器还会为其配备温度调节系统，以确保电池的温度在测试的标准范围内。

（2）光源

用于模拟太阳光，是 I-V 测试仪最重要的一个部件。目前大多数商用 I-V 测试仪的光源都为闪光源，其单次发光时间小于 50 ms，可以满足一般晶体硅电池测试需要。I-V 测试仪的光源有三个重要参数：光斑均匀性、光强稳定度和光谱匹配度。一般 I-V 测试都要求光源采用 AM1.5 G，且要达到 IEC 标准规定的 3A 级，

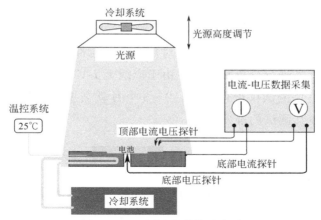

图 8-1 I-V 测试仪结构示意图

即不均匀性 $\leqslant 2\%$，不稳定性 $\leqslant 0.5\%$，光谱失配度 $\leqslant 25\%$。

（3）样品台

用于放置单片电池。因为电池经过加工后都会有一定的翘曲，所以大多数样品台都带有吸附装置用于固定电池。部分较为高级的 I-V 测试仪的样品台，会带有调温装置以确保电池温度符合测试标准。样品台上还会在靠近测试电池的附近放置一块参考电池，用于测试每次闪光的光强并作为计算效率时修正光强用。

（4）电池夹具

用于测试时夹住电池使电池正、负电极与测试仪器连接。其分为上下两部分，下部为一块铜板，其中间或有一些突起部用于和背电极更好地接触；上部为正面压针，其是一个中空的正方形，四周边框要比测试电池大，而里面的两条长条则垂直于电池表面主栅，这样测试时就可以保证对电池来说没有任何实际遮挡。中间长条上装有多个探针以收集电流。部分厂家的测试仪背面接触没有采用铜板，而是采用与正面相同的条形压针，使测试条件更接近实际使用条件。

（5）温度测量仪

用于测试电池测试时的温度。目前大多 I-V 测试仪都用红外摄像仪测电池温度，同时也有部分厂家使用热电偶接触电池背面来测量电池的温度。

（6）电学测量仪

用于测量 I-V 曲线。最常用的电学测量仪配置方案是使用电压源从 $0\sim750\mathrm{mV}$ 扫描输出电压，然后使用电流表测试电流的变化以获得 I-V 曲线。这种方案相当于模拟外电路的电压变化情况，从而获得电池的输出伏安特性。另外一种配置方案是使用电子负载，模拟外电路负载由小到大的变化，再使用电流电压表测出 I-V 曲线。对于这两种方案，前者较为精确，用于测试范围较小的电池片测试，后者比较灵活，一般用于测试范围较大的组件测试。

（7）计算机

用于控制测试过程并计算、记录测试结果。I-V 测试比较复杂，测量结果需要经过修正才能得到接近真实的结果，这都需要计算机去协助完成。

　　I-V 测试是太阳电池最重要、最基础的测试，详细反映了电池的工作性能，也是电池销售和制作组件的依据，产线上对每一片电池都要进行 I-V 测试，并保存详细数据，以便对产品进行分析和监控。由于产线上 I-V 测试工作强度大，一般每天都需要用标片对 I-V 测试仪进行校准，2～3 个月就需要对 I-V 测试仪进行全面检查及标定，以保证其测试的准确性。

8.1.2　量子效率测试

　　量子效率（quantum efficiency，QE）测试，也称为光谱响应测试，目的是测量太阳电池对不同波长入射光光子转换为光生载流子输出的能力，其数值表示输出光生载流子数量与入射光子数量的百分比。在实际测量中，一般采用专用的量子效率测试仪，其原理如图 8-2 所示。

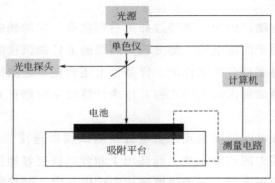

图 8-2　太阳电池量子效率测试仪结构原理示意图

　　测试仪一般采用宽光谱氙灯作为光源，通过单色仪分选出一束单色光作为测试入射光，单色光的波长带宽（分辨率）一般为 5nm；通过分光镜将入射光分为测试光束和监控光束，两者具有固定的光子数分配比例，一般监控光束的光子数为测试光束的百分之几，监控光束被光电探头接收并计算出光子数，进而计算得到测试光束的光子数。

　　测试光束照射在连接有外部测量电路的电池表面，同时产生的光生载流子通过外部电路形成的电流被测量并换算成电子数。光生载流子数（电子数）与测试光束光子数的百分比即为太阳电池对该波长入射光的量子效率。

　　一般在计算的时候还要考虑测试光束在电池表面的反射因素，相应的反射率由分光光度计或积分球测量得到；测量的电子数与入射到电池的光子数的百分比称为外量子效率（external quantum efficiency，EQE），测量的电子数与被电池吸收的光子数的百分比称为内量子效率（internal quantum efficiency，IQE）。

　　量子效率测试仪通过单色仪对氙灯光谱进行扫描，可以获得宽光谱范围的单色光，相应得到宽光谱范围的量子效率曲线。一般对晶体硅太阳电池，光谱范围为

300~1200nm；部分厂家具有增强紫外波段吸收的电池产品，测量光谱下限可拓展到350nm甚至300nm；对砷化镓类电池，其光谱上限可拓展到2700nm。

如图8-3所示为PERC太阳电池反射率（reflectance）、EQE及IQE测量结果曲线。

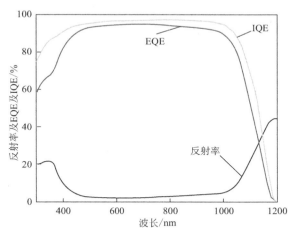

图8-3　晶体硅电池反射率、EQE及IQE测试曲线图

QE曲线是电池光电性能的整合体现，一般采用相同材料、工艺的同批次产品，其QE曲线是非常一致的，所以在产线上，对每批产品只需抽检少量几片或几十片即可。

8.1.3　电致发光测试

电致发光（electroluminescence，EL）是探知和监控电池因工艺或材料本身产生的一些缺陷的重要手段。通过EL图像的分析可以有效地发现硅片、扩散、钝化、印刷及烧结各个环节可能存在的问题，对改进工艺、提高效率和稳定生产都有重要的作用。

晶体硅太阳电池本质上是半导体器件，其工作机理基于半导体的p-n结。若对晶体硅太阳电池施加正向偏置电压，由于正向偏压的方向与电池内建电场方向相反，因此会导致p-n结势垒区的内建电场一定程度的减小，减小了少子（扩散电子或空穴）穿越耗尽层的阻力，促使少子向p-n结的另一方向移动，如n型区域，其少子空穴由于正向偏压的存在，使得大量空穴流向n型区域，而电子流向p型区域，产生复合。在此复合过程中，多余的能量将会以光的形式释放出来，最终由成像系统捕捉并形成影像。基于上述原理可知，在外加偏压下，晶体硅太阳电池的非平衡载流子分布不均匀，将导致其电致发光图像不均匀，存在缺陷的位置，即为高复合中心，此区域的发光强度相对较低。因此，通过高灵敏度的CCD相机捕获硅电池发出的光子形成图像，用于检测晶体硅太阳电池的内在材料缺陷及工艺造成的污染。

EL 测试仪的结构如图 8-4 所示，由于晶体硅太阳电池的电致发光峰值波长在红外区域内，因此采用具有高分辨率的红外数码 CCD，在暗箱内拍摄硅太阳电池的电致发光图像。其中电源一般采用最大电压为 10V，电流驱动为 5 A 的直流电源，电源正极与电池 p 型层相连，负极与 n 型层相连。在一定工艺条件下，硅片的纯度越高，位错晶界越少，污染越少，制作出来的电池片的 EL 图片越亮。图 8-5 为润阳悦达光伏科技有限公司的 PERC 电池 EL 测试图像，（a）为 EL 不良的案例，主要是工艺过程中产生的黑斑黑点。（b）为正常 EL 图，为 A 级品。

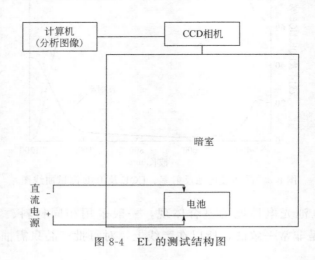

图 8-4　EL 的测试结构图

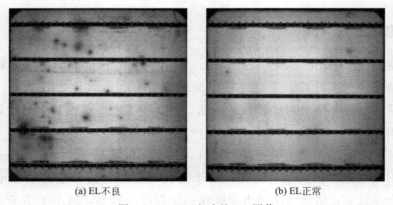

(a) EL不良　　　　　　　　(b) EL正常

图 8-5　PERC 电池的 EL 图像

　　一般电池产线上都会配备 EL 测试仪，以抽检为主，或在 *I-V* 测试后发现异常进行 EL 测试。EL 测试在组件产线上使用较多，所有电池在进行串焊前后以及层压前后，都要进行 EL 测试。多发缺陷一般为隐裂及虚焊，层压前发现问题一般需要更换电池；层压后发现问题无法更换修复，问题严重的产品直接报废。

8.1.4　光致发光测试

　　光致发光（photoluminescence，PL）成像测试，与 EL 原理相似，主要是产生电子空穴对的激发方式不同。如图 8-6 所示，EL 是采用电注入，而 PL 是采用光注入，即采用可见光或激光脉冲的光照射，来产生自由电子空穴对，电子空穴对产生后在杂质、缺陷等复合中心区域，通过辐射复合发射出光子。采用光照激发的优势：

① 无接触式测量：由于不需要外加电极连接，因此不会导致样品的污染，且对硅锭、硅片以及电池全工艺过程，都可以进行测试；

② 均匀的光注入激发：EL 采用电极连接注入电流，在电极处电流集中会产生干扰，PL 采用均匀光照没有这个问题，同时也不会有外部连接电极产生的遮挡。但是，PL 也有其局限性，主要是 PL 主要测试样品的复合特性，而对于完成丝网印刷后的电池，其断栅及漏电等相关的缺陷无法反映。

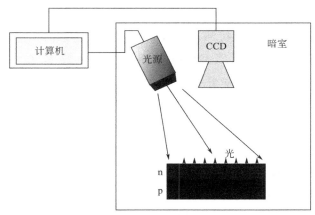

图 8-6 PL 工作原理图

为避免照射光源对 CCD 接收电子空穴对复合发光的影响，一般 PL 成像采用只工作在红外波段的高效 InGaAs CCD 探头（工作波段 $>900nm$，量子效率 $>80\%$），同时照射光采用单波长（如 $808nm$）激光光源，或相近波长的窄带宽 LED 灯。图 8-7 是江苏润阳悦达光伏科技有限公司的 PERC 电池 PL 图。PL 测试设备目前不仅在硅片产线用于监控硅锭及硅片质量，而且在电池生产线中也已经进行配备，用于测试工艺过程中产生的脏污、扩散和划伤等问题。

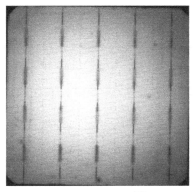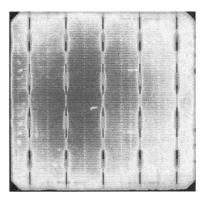

图 8-7 PERC 电池 PL 图

8.2　电池分档

成品太阳电池主要通过效率/功率、颜色及外观进行分档，以便按不同档位进行销售。电池的效率/功率分档一般在 I-V 测试分选机内根据 I-V 测试数据自动进行；颜色及外观分档则比较多样化，目前工厂里电池的颜色主要按照深浅分为四个档位。

8.2.1　效率/功率分档

电池功率由 I-V 测试仪直接测得，效率可以由功率、面积等参数计算得到，因此两者本质上是一致的，不同厂家根据实际生产电池效率/功率分布情况设置档位。一般电池生产的效率/功率分布情况为正态分布，在低功率区域采用系数单位，在中高功率区域采用密集档位。档位分布情况是生产工艺水平的一个重要指标，效率/功率等级越高，售价及利润越高，所以电池的档位分布情况对厂家而言非常重要。

对于电池分档，国内外各厂家分档规则不同，本章节主要是针对 PERC 电池进行简要介绍。目前，主要的分档方式是采用二级分档原则，可以有效解决组件的明暗片问题。如表 8-1 所示，首先根据电池效率或功率进行分档，以效率 0.1% 为一个档位，然后针对此档位按照电池开路电压或者短路电流进行分档。由于在某一批次产线电池效率与开路电压、短路电流呈近似线性，因此可以拟合一个线性方程，确定电压或电流分档规则。

表 8-1　某 PERC 电池厂家的分档规则

档位	电池效率范围/%	效率与 V_{oc} 线性拟合得到 V_{oc} 二级分档值/V
21.6	21.69	0.671
	21.80	
21.5	21.58	0.669
	21.69	
21.4	21.47	0.668
	21.58	
21.3	21.36	0.667
	21.47	
21.2	21.25	0.665
	21.36	
21.1	21.14	0.663
	21.25	

8.2.2 颜色及外观分档

6.5.1节有详细介绍关于镀膜色彩差异的问题，氮化硅减反膜厚度一般控制在70～85nm，这时的硅片在日光下显现湖蓝色。如果配合高性能绒面，整体色彩也可能偏深蓝色或黑蓝色。在实际生产中，因为镀膜工艺的正常波动，在合格产品中也会有明显的颜色差异，为了组件产品的外观一致，需要对成品电池按颜色进行分档，但一般颜色分类不会对售价造成影响。

由于各个厂家镀膜工艺不同，因此实际的颜色差异和分档也不同。颜色分档可以安排在 $I\text{-}V$ 测试前，也可在 $I\text{-}V$ 测试后。现在部分新的生产线配备在线自动光学检测设备，采用CCD拍照后进行颜色判断及外观检查，大部分产线采用颜色标片作为参照，通过人工目测来进行电池颜色分档。

按照实际生产情况，对电池色彩根据深浅按3～6档进行分档，典型颜色为发白、浅蓝、蓝、深蓝、紫蓝、发红等。外观检查主要检查电池表面肉眼可见的缺陷或污染，如栅线印刷缺陷、指纹印、油污、破损、裂纹等，也是通过CCD自动分拣或人工分拣，大部分有外观缺陷的电池不可修复，直接列为废品，小部分可经过清洗消除的进行回收处理。

8.3 电池缺陷分析与修复

随着光伏行业的发展，全球太阳电池的年产量越来越大，多种因素必然导致部分出现质量问题。据不完全统计，国内晶体硅电池生产企业的不良率约 2%～3%，更有部分正常电池也存在漏电缺陷导致性能下降的现象，这是一项不可忽略的数据，将造成极大的浪费和成本损失，对于次品的检测分析及修复也将越来越重要。

8.3.1 缺陷检测

图8-8及表8-2所示，为中山大学太阳能研究院针对晶体硅太阳电池的缺陷形成的完整的检测系统，基于此系统，对产线太阳电池各类缺陷进行总结与分类，并且给出修复价值评估与修复方式。首先是进行 $I\text{-}V$ 性能测试，以获得电池样品转换效率 Eff、填充因子 FF、开路电压 V_{oc}、短路电流 I_{sc}、最大输出功率 P_{mpp}、最大工作点电压 V_{mpp}、最大工作点电流 I_{mpp}、串联电阻 R_s、并联电阻 R_{sh} 以及反向电流 I_r 等性能参数。然后使用红外热像检测系统对加反向偏压的电池的发热情况进行观察，以检测电池是否存在漏电引起的缺陷。同时为了更加准确地判断出缺陷的位置，还将使用电致发光检测仪进一步进行检测。在定位出缺陷位置和大概类型

后，还会根据具体情况选择使用 Suns-Voc 测试仪、光致发光测试仪、面扫描串阻、金相显微镜、透射电镜、能谱仪等检测手段对缺陷的形成机理及影响进行研究，以帮助确定电池缺陷的成因及如何进行修复处理。

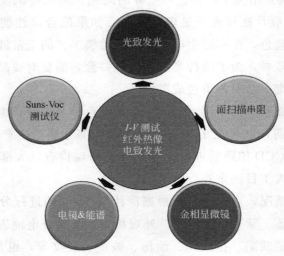

图 8-8　太阳电池缺陷检测的一般分析手段

表 8-2　中山大学太阳能研究院经过大量实验对太阳电池各类缺陷的总结

序号		名称	检测表现	缺陷来源	性能影响	修复价值	预防措施
电学缺陷	1	边缘漏电	红外热像：边缘轻度漏电 EL：黑暗边缘	未刻边、刻边不彻底	对功率、填充因子、效率影响较大	高	控制好刻边工艺，采用激光边缘隔离等其他刻边技术
	2	前电极烧结过度	红外热像：大面积轻度漏电	烧结过度、结深太浅	影响较小	中等/低	优化扩散工艺与烧结工艺，选用合适的浆料
	3	发射极破损	目视：反光可观察 红外热像：轻度漏电 EL、PL：较暗	外力损伤	影响较小	低	防止叠片、自动化生产
	4	浆料污染	目视：部分可观察 显微镜：颗粒状 红外热像：漏电程度不一 EL：变黑	外来浆料	取决于面积、电极熔化与否	高/中等/低	减少人工操作、减少叠片、注意卫生状况、自动化生产
	5	杂质污染	目视：可观察 红外热像：点状，漏电严重 EL：变黑	外来杂质	对电压、功率影响比较大	高	注意卫生状况
	6	挂钩点	红外热像：挂钩点处轻度漏电	丝网印刷	影响较小	低	采用管式 PECVD、优化印刷工艺

续表

序号	名称	检测表现	缺陷来源	性能影响	修复价值	预防措施
7	裂纹	目视:部分可观察 显微镜:可观察 红外热像:漏电程度 不一、部分无漏电 EL、PL:可观察	材料制备、电池生产、外力因素	影响程度不一、电极熔化影响严重	中等/低	优化材料制备与生产工艺、减少人工操作
8	断栅	目视:可观察 显微镜:可观察 EL:距主栅另一侧的栅线变暗	印刷工艺、浆料	取决于断栅面积	低	仔细清洗网版、加强培训监督、稳定湿度
9	黑芯片	EL、PL:单晶同心圆	材料制备	影响电流、功率,电压影响不大	无	提高硅材料的质量、改进拉晶炉气流回路结构、检查晶颈长是否达标
10	网带印	EL:类似网带	网带温度低造成背场烧结不透、浆料质量	功率受较大影响,填充因子下降较大	无	印刷时注意铝浆质量、烧结炉要经过适当预热,保持网带清洁
11	背场缺陷	目视:颜色深浅不同 EL、PL:亮度不同	印刷浆料、烧结问题	电流、电压一定程度下降	无	注意浆料质量与烧结工艺,及时排查印刷工艺等问题
12	电极接触不良	EL:亮点、亮区、类似"乌云" PL:正常	浆料质量、烧结不透	功率效率填充因子影响严重,开路电压正常	无	选取质量好的银浆,优化印刷与烧结工艺
13	p-n 结反印	EL:边缘发光	印刷工艺出错	各项参数均影响严重	无	加强工艺监督及规范人工操作
14	无 p-n 结	EL:无发光	扩散工艺出错	各参数为零	无	注意工艺渐进性,严格监督工艺及人工操作、自动化生产
15	工艺污染	EL:类似"乌云",较暗 PL:更亮或更暗	工艺污染	取决于面积	无	注意工艺外来污染
16	暗片	EL、PL:比正常片暗	材料制备、生产工艺	各参数均下降	无	严格监控少子寿命,及时排除问题
17	晶粒	EL、PL:晶粒暗淡	材料制备	电流、电压有一定影响	无	舍弃硅锭边缘材料,研究吸杂技术
18	位错簇	EL、PL:位错密度高	材料制备	电流、电压影响较大,填充因子效率下降	无	控制铸锭速度,研究吸杂技术

注:序号7~18行左侧合并列为"电学缺陷"。

8.3.2　修复技术

目前最常用的电池修复技术有两种：一种是激光修复，另一种是化学修复。虽然他们使用的手段不一样，但其作用原理都是通过隔离缺陷区域的方法，避免局部区域的缺陷导致整块电池片的性能发生极大变化。

（1）激光修复法

激光修复法主要利用激光与材料相互作用的刻蚀效应。在激光刻蚀效应中，激光峰值功率密度超过一定阈值，材料受激光照射的区域温度会急剧升高，以至于材料被气化，甚至被离化成等离子体，从而在光辐照区形成凹陷区域。只要激光在电池表面依照一定的速度进行扫描，受辐射区域就被刻蚀而凹陷，形状似槽。

中山大学太阳能系统研究所的张陆成与叶子锐通过对多个厂家晶体硅太阳电池进行较详尽的实验检测与统计分析，总结出 18 类对太阳电池产生不同影响的缺陷类型，并进一步将其分为 7 类漏电缺陷与 11 类非漏电缺陷。为了减小漏电对晶体硅太阳电池性能的影响，需要将漏电区域隔离，因此利用红外热像进行精确测试与定位，集成激光技术对其进行隔离修复。若激光在漏电区四周连续刻槽，槽深超过 p-n 结深度约几百纳米，理论上可切断漏电区与其他部分 p-n 结的连接，电池的漏电区域可以被隔离，如图 8-9 所示。

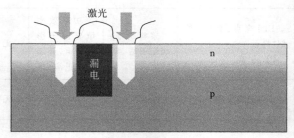

图 8-9　激光隔离修复原理

（2）化学修复法

化学修复法又分为两种方式：一种是先对缺陷定位，然后通过喷嘴控制腐蚀液反应的位置、面积与刻蚀深度，从而腐蚀掉缺陷区域；另一种是无需定位，将电池片浸泡在溶液当中，然后对电池通电，漏电缺陷区域就会与溶液发生电化学反应被刻蚀掉。

复习思考题

1. 太阳电池 I-V 测试的标准测试条件有哪些要求？温度和光照的变化是否会影

响测试结果，为什么？

    2. 太阳电池 I-V 测试的结果包含哪些参数？

    3. 太阳电池 I-V 测试光源的 3A 标准分别是什么？

    4. 如何用太阳电池的功率计算出其效率？

    5. 太阳电池 EL、PL 测试的原理有何异同点？

    6. PL 测试相比 EL 测试有哪些优点、缺点？

    7. 举出 3 种 EL 测试中常见的电池缺陷，说明其表现及成因。

    8. 晶体硅电池 QE 测试的波段范围是多少？EQE 和 IQE 有何区别？

    9. 晶体硅电池成品如何分档？

    10. 列举 5 种晶体硅电池常见的外观缺陷。

参考文献

[1] 李军勇，梁宗存，赵汝强，金井升，李明华，沈辉. 晶体硅太阳电池旁路结分析. 第十届中国太阳能光伏会议论文集，2008.

[2] Goetzberger Adolf，Joachim Knobloch，Bernhard Voss. Crystalline silicon solar cells. Wiley Online Library，1998.

[3] Mcintosh K R，Honsberg C B. New technique for characterizing floating-junction-passivated solar cells from their dark IV curves. Progress in Photovoltaics Research and Applications，1999，7 (5)：363-378.

[4] Plagwitz H，Brendel R. Analytical model for the diode saturation current of point-contacted solar cells. Progress in Photovoltaics Research & Applications，2010，14 (1)：1-12.

[5] Ching-Hsi Lin，Song-Yeu Tsai，Shih-Peng Hsu. Investigation of Ag-bulk/glassy-phase/Si heterostructures of printed Ag contacts on crystalline Si solar cells. Solar Energy Materials & Solar Cells，2008，92：1011-1015.

[6] Gunnar Schubert，Frank Huster，Peter Fath. Physical understanding of printed thick-film front contacts of crystalline Si solar cells——Review of existing models and recent developments. Solar Energy Materials & Solar Cells，2006，90：3399-3406.

[7] Langenkamp M，Breitenstein O. Classification of shunting mechanisms in crystalline silicon solar cells. Solar Energy Materials and Solar Cells，2002，72：433-440.

[8] Breitenstein O，Rakotoniaina J P，Al Rifai M H，Werner M. Shunt types in crystalline silicon solar cells. Progress in Photovoltaics：Research and Applications，2004，12 (7)：529-538.

[9] Ballif C，Peters S，Isenberg J，Riepe S，Borchert D. Shunt imaging in solar cells using low cost commercial liquid crystal sheets. In Conference Record of the Twenty-Ninth IEEE Photovoltaic Specialists Conference，2002.

[10] Vinod P Narayanan. Power loss calculation as a reliable methodology to assess the ohmic losses of the planar ohmic contacts formed on the photovoltaic devices. J Mater Sci：Mater Electron，

2008，19：594-601.

[11] 赵富鑫，魏彦章.太阳电池及其应用.北京：国防工业出版社，1985.

[12] 张陆成.晶体硅太阳电池的激光工艺和前点电极技术研究.广州：中山大学，2009.

[13] 叶子锐.晶体硅太阳电池缺陷分析与激光隔离.广州：中山大学，2012.

[14] 王文静，李海玲，周春兰，赵雷.晶体硅太阳电池制造技术.北京：机械工业出版社，2014.

[15] https://www.pveducation.org.

第 **9** 章

太阳电池技术发展

　　1954年，晶体硅电池技术首先在美国得到成功开发，后来在1974年以地面应用为目标的世界第一家晶体硅电池生产企业同样也是在美国建立。60多年来晶体硅电池技术一直在不断地发展之中，具有重要发展阶段的主要有德国的十万屋顶计划、美国的百万屋顶计划。在2004年德国开始规模化推广应用，也就从那时起，我国民营企业开始进入光伏产业，通过十多年的发展，整个改变了太阳电池发展格局，晶体硅电池技术在各个方面都在快速进步与迅猛发展，硅晶体生长、硅片技术、电池工艺、生产设备及新材料发展等都以前所未有的速度发展。当然这些改变还没有革命性的变革，仅仅只是技术改进或进步。本章主要介绍晶体硅电池的新工艺与新结构的发展现状，有些已经实现产业化，有些正在向产业化进程迈进。

9.1　概述

　　无论是晶体硅电池的新工艺还是高效电池的发展，目的都是通过技术手段或新型结构的设计，减少光电转换过程中的光学与电学的损失。电池新工艺涉及众多方面，包括多晶硅锭技术、切片技术、丝网印刷电极技术、金属浆料、新型钝化材料、新型电池结构及组件和电站的新技术，这些技术极大地降低了光伏发电的成本。因此本章重点介绍太阳电池的新技术，特别是PERC、TOPCon、IBC、HIT及HBC等多种新工艺与新型电池结构的实现，晶体硅电池产品正向一个更高的层次发展。高效晶体硅电池主要的技术，表现在结构的精细化设计与工艺流程的升级，同时需要考虑量产技术与生产成本等因素，否则对于产业来说是没有意义的。

9.2　新工艺发展

9.2.1　制绒工艺

　　为了改善光学性能，晶体硅太阳电池生产中普遍采用化学湿法制绒工艺。如采用碱液处理工艺，那么［100］晶向的单晶硅片可通过各向异性腐蚀获得金字塔绒面结构，这样可以明显地改善光学吸收效果。对于多晶硅片，则采用酸液各向同性腐蚀形成亚微米级凹坑构造，也可以一定程度上降低硅片表面反射率，但是与单晶硅片的金字塔绒面相比，多晶硅片的表面反射率依然偏高，这成为限制多晶硅电池发展的主要原因之一。为此，人们广泛开展了多种硅片制绒方法的研究，包括机械切割、反应等离子刻蚀（reactive ion etching，RIE）和激光刻蚀（laser etching，LE）等，其中已经进入大规模生产的技术主要是反应等离子刻蚀，主要是以阿特斯为代表，晶科也在开展相关研究。本章节将会重点介绍中山大学太阳能系统研究所金井升博士在晶科开展反应等离子刻蚀多晶硅制绒技术的研究。这些新方法的优点是刻蚀处理与硅片晶向无关，而且能够制备较大高宽比的绒面结构，还可调控绒面形貌，在减反射性能上具有显著的优势。不过这些方法也存在一些问题，如对硅片表面会有一定程度的损伤，并且生产时间长及成本高。下面主要对反应等离子刻蚀和激光刻蚀作一详细介绍。

（1）反应等离子刻蚀

反应等离子刻蚀（RIE），最早用于半导体行业的材料表面清洗以及选择性刻蚀，后来引入晶体硅太阳电池的制作中。最早用于硅片扩散后的刻边工艺，主要采用箱式反应等离子刻蚀机来完成。通过反应等离子轰击，去除硅片边缘的扩散层。反应等离子刻蚀在反应腔体中进行，利用反应气体（Cl_2，SF_6，O_2 等）辉光放电或者射频激发形成等离子体，腔内的气压一般在几到几百毫托（Torr，1Torr＝133.3Pa）。等离子体在高电压的加速下轰击材料表面，将表面的原子剥离，同时等离子体与表面的材料发生化学反应，生成物被气化或者剥离从而在材料表面达到刻蚀的效果。反应等离子能够对硅片及其表面的氧化硅等材料进行快速的刻蚀，利用这项技术就可以用来制作硅片表面凹凸状的绒面结构，并在降低硅片反射率上取得很好的效果。通过调整腔内气压、气体的比例、射频功率以及刻蚀时间等参数，能够获得不同的表面形貌，如凹坑、圆柱状和针状等，硅片的反射率可以降到10％左右。

中山大学太阳能系统研究所金井升博士针对 RIE 设备和工艺进行了细致的研究，设备布置图如图 9-1 所示。设备的关键部分包括两个工艺腔及控制部分（etching chamber）、工艺气体部分（$SF_6/Cl_2/O_2$）、干泵抽真空系统部分及自动化传输部分。自动化传输部分先将硅片在载板上水平铺开，然后将载板推入工艺腔进行等离子体刻蚀反应，反应结束后载板出工艺腔，硅片从载板上被取出。RIE 设备采用的是电容耦合等离子体，射频电源频率 13.56 MHz。除此之外，还有两个独特的设计：

① 工艺气体进入工艺腔的方式分成两路，一路内圈进入，另一路外圈进入，目的是通过改善进气气流提高硅片水平面上反应的均匀性。

② 在工艺腔中，硅片的上部有采用镂空设计的掩模板，掩模板与硅片的距离

可以调整，如图 9-2 所示。

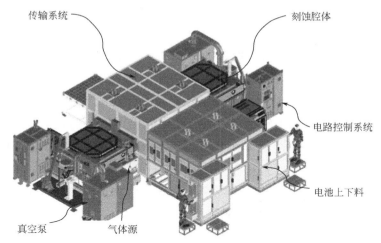

图 9-1　RIE 设备布置图

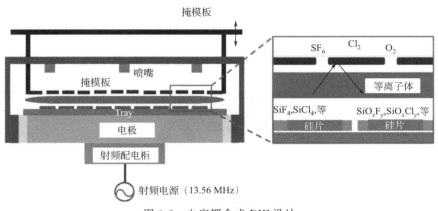

图 9-2　电容耦合式 RIE 设计

掩模板的作用是：作为与硅片相对的电极，通过缩短与硅片之间的距离，减少射频电源的功率损失；作为挡板，RIE 反应过程中的副产物 SiF_4、$SiCl_4$ 不容易逸失，容易与硅片形成掩膜，以增强 RIE 反应的效果。

RIE 制绒的整个过程主要包括：

① 单一 SF_6 气体的等离子体，一般用于各向同性刻蚀，自由基包括 SF_5 和 F，其中 F 直接参与了刻蚀过程，产生可挥发性产物 SiF_4，同时生成 $Si_x S_y F_z$ 抑制层；刻蚀反应方程式可表示为（＊表示此物质为自由基，下同）：

$$SF_6 + e \longrightarrow F^* + SF_5^* \tag{9-1}$$

$$Si + 4F^* \longrightarrow SiF_4 \tag{9-2}$$

② 单一 Cl_2 气体的等离子体，可以达到各向异性刻蚀的目的，自由基为 Cl，与硅片反应后生成可挥发性产物 $SiCl_4$，同时生成 Cl 抑制层。各向异性的原因可能是化学吸附在硅片上的 Cl 形成了有序的 Cl 单层抑制层。Cl_2 相比 SF_6 有更慢的刻

蚀速率，可以更好地控制刻蚀形貌。刻蚀反应方程式可表示为：

$$Cl_2 + e \longrightarrow 2Cl^* + e \tag{9-3}$$

$$Si + 4Cl^* \longrightarrow SiCl_4 \tag{9-4}$$

　　SF_6 等离子体刻蚀起各向同性作用，Cl_2 等离子体刻蚀起各向异性作用，通过调整 SF_6/Cl_2 气流量比例，可以控制 F/Cl 的原子密度比例，从而实现不同的刻蚀结构。SF_6 或 Cl_2 等离子体对硅片的刻蚀速率远大于对氧化硅的刻蚀速率，在 SF_6/Cl_2 气体中加入 O_2 可以氧化硅片，形成的氧化硅层可以达到自掩膜的效果。另外，在 SF_6 中加入 O_2 可以调节 F 原子的密度，同时生成并调节 $Si_xO_yF_z$ 抑制层的厚度。

　　在 $SF_6/Cl_2/O_2$ 混合气体的等离子体中，SF_6 产生 F 自由基对硅片进行化学腐蚀，生成 SiF_4；Cl_2 产生 Cl 自由基对硅片进行化学腐蚀，生成 $SiCl_4$；O_2 产生 O 自由基对硅片表面进行钝化，生成抑制层 $Si_xO_yF_z$ 和 $Si_xO_yCl_z$，起到自掩膜的作用。同时等离子体中的 SF_x^+ 等一些离子会对硅片表面刻蚀坑的底部产生溅射作用，去除刻蚀坑底部的 $Si_xO_yF_z$ 和 $Si_xO_yCl_z$ 自掩膜，从而形成 RIE 特殊的表面结构。反应示意图如图 9-3 所示，反应方程式可整体表示为：

$$Si + Cl_2 + SF_6 + O_2 \longrightarrow SiCl_4 + SiF_4 + Si_xO_yF_z + Si_xO_yCl_z + S_xO_yF_z \tag{9-5}$$

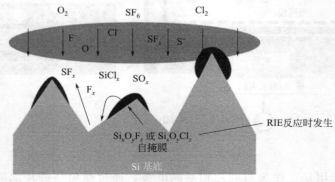

图 9-3　RIE 反应示意图

　　图 9-4（a）所示是采用 RIE 刻蚀技术，在单晶硅表面制备的纳米线绒面，可以获得比较规整的纳米线结构。由于纳米线的比表面积较大，因此需要更加优异的钝化膜，单根纳米线透射电子显微镜（TEM）如图 9-4（b）所示，是通过氧化铝进行表面钝化，反射率一般小于 10%。绒面结构的陷光能力主要由结构的高宽比（深宽比）决定，等离子刻蚀结构的高宽比不受硅片晶向的限制，因此可以在多晶硅表面获得比酸腐蚀绒面，在单晶硅获得纳米线结构，其反射率可以比金字塔绒面低得多。

　　等离子刻蚀会造成硅片表面损伤，使电池的载流子表面复合速率增大，因此有必要控制和消除等离子刻蚀的损伤层。为此，需要优化刻蚀的时间、功率等参数来控制刻蚀深度，获得绒面性能与损伤的平衡，并且通过刻蚀后进行化学腐蚀去除表面的刻蚀损伤层。一般去除损伤层可采用 NaOH 或 KOH 等碱液腐蚀，也可采用 HF 和 HNO$_3$ 的混合酸液腐蚀。虽然腐蚀后表面形貌趋向平滑，反射率会因此略有升高，但是对电池少子寿命的不良影响可以大幅减小。目前在实验中每片电池的刻蚀时间约为几分钟，现有实验设备的容量一般为几片，一些设备厂商尝试采用 PECVD 设备改造成为等离子刻蚀设备，每次可以制作几十片，在生产速度上已经逐步靠近现有生产线的水平。

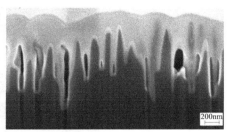

(a) RIE制备的单晶硅绒面

（2）激光刻蚀

激光刻蚀制绒是各向同性的织构化方法，其原理是利用聚焦高能激光照射硅片表面使局部材料急剧升温、熔化、气化，达到硅片表面刻蚀的目的，在硅片表面形成凹凸的绒面结构，从而实现降低硅片表面反射率的效果。这

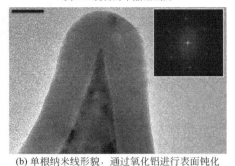

(b) 单根纳米线形貌，通过氧化铝进行表面钝化

图 9-4 透射电子显微镜图（TEM）

种技术再配合酸、碱腐蚀处理，就能够制备出很好的陷光结构。

织构化减反射的原理是在电池表面形成凹凸结构使入射光线多次反射，减反射的性能和表面结构的尺寸和形状有直接关系，文献［7］对三角形和矩形截面的织构进行了模拟计算，显示在结构尺寸大于入射光波长的情况下，织构的尺寸对减反射性能影响不明显，关键在于织构的高宽比越大，减反射性能越好。单晶硅的晶向固定，经过碱液各向异性腐蚀形成的金字塔形陷光结构的高宽比约为 0.71，一般尺寸约 3～10μm，可以使表面反射率从裸硅的 ＞30% 下降到约 10%。

激光刻蚀不受晶体晶向的影响，刻蚀结构的高宽比可以做到很大，激光织构高宽比就超过 1，因此激光刻蚀结构具有比金字塔结构（高宽比约为 0.7）更好的减反射性能潜力。激光织构化处理后的硅片表面结构如图 9-5 所示，一般是在裸硅片上先用激光刻蚀使织构大致成型，激光刻蚀后织构表面由于经过熔融凝固，会形成损伤层和残渣层，需要经过化学清洗腐蚀去除，最后形成可用的表面织构。

1989 年，Zolper 等人较早的激光制绒采用密集正交刻槽的方法形成类似金字塔形的结构，其激光刻槽深度约 40μm，间隔约 70μm，交叉处深度约 60～70μm。不过由于刻槽交叉处刻蚀过深，导致旁路电阻过小，并且激光刻槽引起的位错等缺陷在后续高温处理过程扩散等原因，使得开路电压和填充因子降低，整体效率比参考电池的 17.1% 略低。2005 年新南威尔士大学光伏中心 Malcolm Abbott 等人采用了一种类似蜂窝形状的点刻蚀方案，单晶硅电池整个表面都被激光刻蚀形成的六边形锥孔（孔径 20～30μm）所覆盖，如图 9-6 所示，并且发现表面反射率与锥孔的深度成反比，当深度为 50μm 时，其反射率已经低于采用反应离子刻蚀金字塔型结

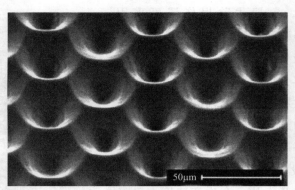

图 9-5　激光结构化后的绒面

构的织构表面，可以达到 10％ 以下，而最终的电池效率为 18.4％（激光锥孔型）和 18.5％（金字塔型），可见这项蜂窝型激光织构技术已经在性能上达到了非常好的效果，是目前在激光直接刻蚀制绒方面做得最好的方法之一。

激光制绒的优点在于其结构高宽比较大，吸光能力强，但激光引起的缺陷使得其电性能受到影响。在激光刻蚀后，为最大限度减少激光引起的破坏和晶体缺陷，一般采用 KOH(NaOH) 和 HF：HNO₃ 两次浸泡去除残渣和损伤层，使缺陷不会在后续工艺中扩散。采用激光刻蚀直接制绒的减反射效果虽然很好，但是这种方法耗时较长，例如用直径 10μm 左右的激光束对一片 6in（1in＝25.4mm）多晶硅片的表面进行扫描，而且还要刻蚀一定的深度，按照目前激光设备的性能，完成制绒需要几十分钟甚至更长时间，这显然是不能满足产业化需求的，进一步的实用化还有待激光设备的创新发展。

单独采用激光刻蚀制绒的方法目前不能满足生产需求，但是激光刻蚀辅助的化学各向同性腐蚀制绒方法近年来却日益受到产业界的重视，特别是在日本，三菱电机公司已经将这项技术推进到产业化阶段，成功制备了可量产的效率超过 18％ 的多晶硅电池。激光刻蚀辅助的化学各向同性腐蚀制绒方法原理如图 9-6 所示。第一步硅片上制作一层耐腐蚀的掩膜材料（SiNₓ 等）；第二步按照设计的绒面结构，利用聚焦激光束在掩膜上刻蚀开口；第三步将硅片放入酸溶液做各向同性腐蚀，腐蚀从激光开口处向内推进，形成半圆形的凹坑，控制腐蚀时间使凹坑刚好接触时停止；第四步清洗掉掩膜材料，完成制绒。图 9-7 是 Hiroaki Morikawa 等人实验样品的图像，以激光开口为中心的圆形凹坑错位排列，形成整齐的蜂巢状绒面，采用紫外激光开口的直径约 3μm，腐蚀凹坑的直径约 13μm，总体反射率下降到约 20％。

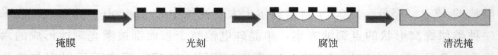

掩膜　　　　　　　光刻　　　　　　　腐蚀　　　　　　　清洗掩

图 9-6　激光刻蚀辅助的化学湿法各向同性腐蚀制绒过程

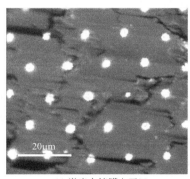
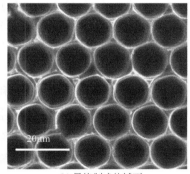

(a) 激光在掩膜上开口　　　　　　　(b) 最终制成的绒面

图 9-7　激光辅助制绒的样品图像

激光辅助的各向同性腐蚀制绒的优点包括：①工艺相对简单快捷，利用激光刻蚀掩膜开口的速度比直接激光刻蚀快得多，采用单束激光完成一片 6in 片的扫描只需要约 1min，三菱公司利用大面积光栅掩膜形成光斑点阵只需要几秒钟就完成一片扫描，湿法腐蚀可以采用现有生产设备进行，可以方便融入现有生产线，增加的时间及成本较少；②采用湿法腐蚀不会对硅片造成损伤。主要的缺点包括：①采用湿法各向同性腐蚀形成的结构高宽比较小，原理上讲，如果各向腐蚀速度一样，那么高宽比也只有 0.5，实际上还要小一些，所以绒面的减反射性能明显不如直接激光刻蚀、等离子刻蚀等方法；②现有设备制作的绒面结构较大，一般超过 $10\mu m$，对材料的腐蚀厚度较大，可能不适于应用到薄硅片，同时较大的绒面结构对后续工艺如选择性扩散、电极印刷烧结等性能会有不良影响。

9.2.2　掺杂新工艺

（1）等离子注入

离子注入技术，是近 30 年来在国际上蓬勃发展和广泛应用的一种材料表面改性高新技术。目前，离子注入技术已经大规模应用于光伏行业，主要是泰州中来光电科技有限公司，在 n 型双面电池方面采用的离子注入技术，无掩膜实现双面掺杂的工艺路线。其基本原理是：用能量为千电子伏量级的离子束入射到材料中去，离子束与材料中的原子或分子将发生一系列物理和化学的相互作用，入射离子逐渐损失能量，最后停留在材料中，并引起材料表面成分、结构和性能发生变化，从而获得某些新的优异性能。主要包括以下重要的部件：

① 离子源：离子化杂质气体，常用的有 BF_3、AsH_3、PH_3。

② 质量分析器：不同离子具有不同荷质比，根据在磁场中偏转角度不同，分离出高纯度杂质离子。

③ 加速器：高压静电场，用来对离子加速，该量是离子注入深度的一个重要指标。

④ 中性束偏移器：利用偏移电极和偏移角度分离中性原子。

⑤ 聚焦系统：用来将加速后的离子聚集成直径很小的离子束。

⑥ 偏转扫描系统：实现离子束在一定方向上的扫描。

⑦ 工作室：放置样品的地方。

在晶体硅太阳电池方面，人们主要利用离子注入技术替代传统的热扩散技术进行掺杂，与传统热扩散技术相比，离子注入技术有以下优点：可以实现高均匀性的方阻分布，实现高精度的掺杂浓度和结深控制，以及可实现单面掺杂。

早在 1964 年，King 和 Burrill 就将等离子注入技术应用于太阳电池的制作，此后也有很多小组利用这种技术制备出很多高效太阳电池。不过当时使用的离子源相当昂贵，而且注入效率极低，使用的掺杂源也是单一的磷和硼。直到 20 世纪 70 年代，人们才逐渐开发出高效低损耗的专业离子注入设备，并在 80 年代后尝试使用各种各样的气体作为掺杂的前驱体，如 BF_3、B_2H_6、PH_3 和 PF_5 等。在产业化道路上，日本的 Hoxan 公司在 1982 年就建立了一条采用离子注入工艺的 8MW 太阳电池生产线，其中离子注入环节的产量为 5s 一片。该生产线采用的具体工艺是使用 BF_3 制作硼背场，使用固体磷源制备发射极。在 1987 年，Wood 等人利用辉光放电离子源制备了最高效率为 19.7% 的太阳电池，而他们使用 B_2H_6 制备发射极，PH_3 制备磷背场。

国内外开发与制造光伏离子注入设备的供应方有 3～5 家，包括美国 Varian、美国 Intevac、日本住友重工、韩国 WONIK IPS、中国 Kingstone。在 2011 年，Varian 公司向中国推出 Solion 光伏离子注入系统，该系统能在低成本的前提下生产平均效率 19% 以上的太阳电池，同年该公司被收购成为应用材料公司的一部分。而上海 Kingstone 公司，则是世界上继 Varian 之后第二家成功开发出太阳能离子注入机的公司。Intevac 公司也在 2013 年成功推出了 ENERGi™ 系统。如图 9-8 所示为这 3 家公司的设备图。离子注入技术除了作为替代技术替代传统热扩散技术外，其更重要的应用是在 n 型双面电池中，包括 N-PERT 和 TOPCon 电池。

（2）激光掺杂工艺

激光掺杂（laser doping，LD）技术，在半导体行业的应用研究最早见于 20 世纪 60 年代，而绝大部分的应用研究则始于 20 世纪 80 年代初。用激光与材料的热效应来实现掺杂的过程类似于退火和掺杂剂与基体融合的过程，相比于其他掺杂方式，激光掺杂的优点主要有：①能实现金属接触区域高表面浓度、深结的发射极结构；②根据不同工艺的需要，能精确对指定区域进行掺杂，掺杂区域的可控性好，同样不需要整体高温处理，对于未被扫描区域则无伤害；③整套工艺设备相对简单，室温进行，不产生有毒物质，利于环保、节省空间。目前国内帝尔、友晟和德国 Innolas 等设备商，已经开发出全套激光掺杂选择性发射极产线设备，对 PERC 电池效率提升达到 0.3%，可以实现大规模量产。

(a) Varian 离子注入设备

(b) Kingstone 离子注入设备

(c) Intevac 离子注入设备

图 9-8 Varian、Kingstone 和 Intevac 离子注入设备

其中 Kingstone 的离子注入机能够在工业级 N-PERT 太阳电池中得到应用

按掺杂源形态的不同，激光掺杂可分为三类：激光干法掺杂、激光湿法掺杂和激光气相掺杂。目前研究最多的主要集中在激光干法掺杂，而激光干法掺杂采用的一般具体方法是预先在硅片表面涂覆一层掺有某种所需元素的掺杂源，在激光的照射下，硅片表面需加工区域被加热到熔融状态，待掺杂的原子将会融入到基体，当激光移出掺杂区域后，熔区的基体会冷却并再结晶，从而形成含有某种掺杂原子的基体。这种方法被称为激光熔融预沉积杂质源掺杂（laser induced melting of pre-deposited impurity doping，LIMPID）。而此技术的预沉积掺杂源也可分为两类：①在此前一步工艺中预留下的掺杂源，例如磷扩散后留下的磷硅玻璃（PSG）；②在工艺之外额外添加的掺杂源。激光湿法掺杂则会受到环境的影响，同时受到非掺杂区域的清洗问题的困扰，这会额外增加生产成本，在实际应用当中受到限制。早期对于激光掺杂的研究主要是采用气相浸没激光掺杂（gas immersion laser do-ping，GILD），其均匀性很难控制，只适合于进行一些细微加工。

2009 年，Stuttgart 大学 Jürgen Köhler 研究组报道了激光掺杂发射极打破全尺寸晶体硅太阳电池的世界纪录，效率达到 18.9%，并且制备过程适用于产业化的大规模生产。该研究组在电阻率 $0.2\Omega \cdot cm$、厚度 $290\mu m$ 的 p 型硅片上溅射 60nm 厚的磷源，然后使用波长 532nm、脉宽 65ns 的脉冲激光进行全面积掺杂，代替传统的高温炉式或链式热扩散形成 p-n 结，调整激光参数可以将掺杂后的方块电阻的变化范围控制在 $20\sim400\Omega$。激光掺杂全面积发射极硅表面掺杂浓度和掺杂深度更加均匀，对于传统工艺难以控制的轻扩散发射极具有重要意义。激光掺杂背电场一般使用波长为 355nm 的 Nd^{3+} ：YAG 激光，激光输出功率范围为 $0.4\sim0.5W$，在 n 型硅基太阳电池上制备。利用激光掺杂得到背电场，可以获得更好的背电极结构，通过调节激光功率可以控制优化的结深和掺杂效果，但是这类方法得到的太阳电池串联电阻较高，表面损伤较大，需要努力调整激光和太阳电池的参数匹配。

激光掺杂选择性发射极是目前激光掺杂工艺中最有发展前景的一类，也是目前最主要的研究方向。选择性发射极就是在轻掺杂的硅衬底上，通过微米尺寸的激光束有选择性地进行杂质原子的重掺杂。一般采用旋涂掺杂源结合快速热退火或者标准炉式扩散工艺在硅表面形成轻掺杂层。然后，激光光束选择性辐照掺杂源膜，消融二氧化硅或氮化硅薄膜，熔融下层硅表面，高浓度的掺杂原子液相迅速扩散，在激光脉冲过后的再结晶过程中，占据电活性的晶格位置，形成重掺杂的电极区域。使用这类技术制得的太阳电池具有低串联电阻、高并联电阻和高填充因子等优良的电学性能，在拥有较高少子寿命的同时，具有良好的欧姆接触，并且没有发现金属接触发射极的不良影响。目前，工业级 PERC 太阳电池结合激光掺杂选择性发射极和局域背电场技术，晶体硅太阳电池的效率可达 $22.4\%\sim22.8\%$，可以进一步提升组件的性能。

对于不同波长激光掺杂的影响，中山大学太阳能系统研究所对此做过详细的研究，研究发现：在使用红外激光进行掺杂时，当脉冲能量密度为 $4J/cm^2$ 时，硅片表面开始融化，磷原子进入硅体，方阻下降；当脉冲能量密度超过 $13J/cm^2$ 时，硅片表面开始气化甚至形成等离子体，激光开始销蚀硅片，导致结深下降，方阻上升。硅片的重掺区方阻，随着脉冲能量密度和单位面积接受脉冲数量的升高而升高。在相同的泵浦电流下，激光对硅体的热损伤随着频率的上升而减少，硅片的有效少子寿命测量值随着方阻的下降而上升。在实验中发现，由于红外激光波长为 1064nm，对硅材料的穿透能力很强，因此会对硅体造成很严重的热损伤，即使镀氮化硅薄膜后，其钝化效果也很差，这会导致复合的大幅上升，进而造成开压和短路电流的下降，因此红外激光并不适合用来制备选择性发射极太阳电池。532nm 绿激光无论是长脉冲还是短脉冲，在能量没增加到足以侵蚀硅片之前，其对硅体的热损伤都是很小的，但利用长脉宽绿激光掺杂比短脉宽激光能得到更低的最小方阻值，原因是长脉宽激光拥有更深的热作用长度。在硅体内磷原子总量相等的情况下，方阻值较大说明了 p-n 结的结深较浅，表面磷掺杂浓度较大，显然，浅结及高表层杂质浓度更为符合选择性发射极的要求，因此从理论上来说，利用短脉宽绿激光掺杂，能得到更适合选择性发射极的磷原子浓度分布，并且对硅体的热损伤更小。至于紫光激光，紫外激光掺杂形成的方阻都比常规热扩散后的大很多。这是因为紫光作用于硅片的深度较浅，形成的为浅层结，即使是加大功率也仅仅是使表面硅材料蒸发并进一步破坏硅表面结构，所以紫光也不适用于制备选择性发射极。

9.2.3　钝化新工艺

（1）SiN$_x$ 薄膜

1981 年，Hezel 等人首先将 PECVD 沉积 SiN$_x$ 薄膜应用于金属-绝缘体-半导体反型层（MIS-IL）太阳电池表面钝化，得到转换效率为 15% 的太阳电池。通过改进工艺，利用 SiN$_x$ 钝化，在区熔硅（FZ-Si）基体上制备出的 MIS-IL 太阳电池的转换效率可达到 18.5%。在太阳电池后续发展进程中，PECVD 沉积 SiN$_x$ 薄膜因其沉积温度低（$\leqslant 450℃$）、沉积速率高、折射率可以调整、具有良好的紫外稳定性以及优良的表面和体钝化效果而在晶体硅太阳电池制备过程中得到了越来越多的应用。有研究报道，利用高频（13.56 MHz）直接 PECVD 法在 $1\Omega \cdot cm$ 的 p 型硅片上沉积 SiN$_x$ 薄膜，可以得到低至 4cm/s 的表面复合速率。也有研究表明，通过 SiN$_x$ 表面钝化，可以获得高达 649mV 的开路电压，这些研究都显示出 SiN$_x$ 薄膜良好的钝化性能。通过 PECVD 法沉积 SiN$_x$ 薄膜钝化电池表面，在 Si/SiN$_x$ 界面处可以获得低的表面复合速率（surface recombination velocity，SRV），主要有以下两个原因：①在 SiN$_x$ 沉积过程中，反应气体（SiN$_4$ 和 NH$_3$）可以释放一定量原子态的氢，这些原子态的氢可以饱和 Si/SiN$_x$ 界面上的悬挂键，从而降低表面态密度；②在沉积 SiN$_x$ 薄膜的过程中会伴随有 $\cdot Si\equiv O_3$、$\cdot Si\equiv O_2N$ 和 $\cdot Si\equiv ON_2$ 等带正电的悬挂键产生，从而使得制备得到的 SiN$_x$ 薄膜中含有正束缚电荷，这些正束缚电荷的场效应钝化作用将会排斥带正电的空穴到达电池背面，降低电子和空穴在表面处相遇的概率，从而降低表面复合速率。PECVD SiN$_x$ 薄膜具有很好的钝化效果，但是将其应用到 p 型晶体硅太阳电池背表面时，因 SiN$_x$ 薄层中高密度正束缚电荷产生的浮动结（floating junction）的寄生分流（parastic shunting）效应，在电池制备完成后会导致漏电，降低太阳电池的性能。因此，不适合用 PECVD SiN$_x$ 来钝化 p 型晶体硅太阳电池的背表面。

（2）a-Si 薄膜

PECVD 沉积 a-Si 可以在较低的温度下（$200\sim250℃$）进行，得到的 a-Si 对晶体硅片具有很好的钝化效果。低温沉积 a-Si 薄膜主要有两个好处：①降低电池制备过程中的能耗；②低温过程不会降低硅片体寿命。Sanyo 公司研究表明，晶体硅表面可以被含有本征或掺杂的 a-Si 薄膜有效地钝化，将这种钝化层应用到 HIT 太阳电池，在一个太阳条件下，可获得 20.0% 的转换效率，电池有效表面复合速率在 50cm/s 以下。W. Brendle 研究表明，利用 PECVD 沉积 a-Si 薄膜钝化晶体硅太阳电池表面，可以获得低的表面复合速率，该研究小组在 $250\mu m$、$1\Omega \cdot cm$ 的 p 型硅片上获得了大于 1 ms 的有效少子寿命，得到的电池效率为 20.5%，开路电压 670mV，短路电流密度 $39.9mA/cm^2$。Stefan Dauwe 等人研究表明，利用 PECVD a-Si 钝化硅片表面，在 $1.6\Omega \cdot cm$ 的 p 型硅片上可以得到低至 3cm/s 的表面复合速率，在 $3.4\Omega \cdot cm$ 的 n 型硅片上可以得到 7cm/s 的表面复合速率。

以上研究都表明 PECVD a-Si 薄膜可以获得良好的钝化效果。a-Si 薄膜具有良好的钝化效果主要是因为该薄膜中含有大量原子态的氢，这些原子态的氢可以饱和硅片表面的悬挂键，在烧结或者退火过程中还会运动到硅片内部产生体钝化，从而降低复合速率。因 a-Si 热稳定性较差，不能承受常规晶体硅太阳电池的高温烧结过程，因此不能与常规晶体硅太阳电池工艺相匹配。

（3）热氧化 SiO$_2$ 薄膜

在实验室制备高效晶体硅太阳电池过程中，电池表面复合速率可以有效地通过高温下（≥900℃）生长一层 SiO$_2$ 来降低。如 Jianhua Zhao 等人将热氧化 SiO$_2$ 应用到高效 PERL 电池背面钝化中，转换效率达到了 25%，打破了晶体太阳电池的世界纪录。M. J. Kerr 等人研究表明，在掺杂浓度低的背表面，利用热氧化 SiO$_2$ 钝化，更易获得低的表面复合速率，他们在 1Ω·cm 的 p 型硅片上，通过热氧化 SiO$_2$ 钝化，得到了低于 20cm/s 的复合速率。

热氧化 SiO$_2$ 应用在高电阻率（>100Ω·cm）的 n 型或 p 型硅片上，可以获得非常优异的钝化效果，有研究表明其表面复合速率可低于 10cm/s。然而，对于低电阻率（<1Ω·cm）的基体，钝化效果与基体的掺杂类型有关。对于 n 型硅片，仍然有很好的钝化效果，而对 p 型硅片钝化效果较差，有报道在 0.7Ω·cm 的 p 型 FZ 硅片上获得的最好钝化效果仅为 41cm/s。

除对低电阻率的 p 型硅片钝化效果较差外，热氧化 SiO$_2$ 还存在其他缺点。热氧化的高温过程会降低硅片体载流子的寿命，尤其对多晶硅片影响更大，高温过程也增加了生产成本，因此，它主要应用在实验室制备高效电池中，工业化应用受到一定限制。热氧化 SiO$_2$ 后可以获得低的表面复合速率，主要是因为热氧化 SiO$_2$ 中存在大量正束缚电荷，这些正束缚电荷将产生场效应钝化作用，减少了硅片表面电子和空穴复合的概率，从而降低了表面复合速率。另外，也有研究表明，热氧化 SiO$_2$ 具有优良的钝化性能可能是因为在热氧化过程中，硅片表面的悬挂键会被氧化成 Si═O 键，从而降低了表面态密度。

（4）原子层沉积 Al$_2$O$_3$ 薄膜

原子层沉积 Al$_2$O$_3$ 薄膜因其沉积过程温度低，得到的薄膜热稳定性良好，近来受到了广泛关注。Al$_2$O$_3$ 折射率约为 1.65，对太阳光谱中可见光部分并没有明显的吸收。因此，Al$_2$O$_3$ 非常适合用来提高太阳电池前表面或背表面的光学性能。而 Hezel 和 Jaeger 研究表明，Al$_2$O$_3$ 可以提供可观的钝化效果。最近，G. Agostinellin 等人的研究又表明原子层沉积 Al$_2$O$_3$ 在 p 型硅片上可以得到很好的钝化效果，在 p 型单晶 Cz 硅片上得到的表面复合速率低于 10cm/s，在多晶硅片上得到了 500～1000cm/s 的表面复合速率。

利用原子层沉积 Al$_2$O$_3$ 薄膜做背面钝化，可以获得低的表面复合速率主要有两个原因：①在原子层沉积过程中，沉积的 Al$_2$O$_3$ 薄膜中会含有一定量原子态的氢，这些原子态的氢可以从 Al$_2$O$_3$ 薄膜扩散到 Al$_2$O$_3$-Si 界面，饱和该界面上的悬挂键，降低该界面的态密度，从而起到化学钝化作用；②原子层沉积 Al_2O_3 薄膜中含有大量（$1.0 \times 10^{12} \sim 3.0 \times 10^{13}$ cm^{-2}）负束缚电荷，这些负束缚电荷可以降低电子到达背面的概率，减少电子和空穴在背面的复合，从而产生很强的场效应钝化作用。

B. Hoex 等人的研究结果表明，ALD 沉积 Al_2O_3 薄膜如果没有经过退火处理，则基本不显示出钝化效果，而在温度为 425℃、N_2 气氛下退火 30min 后，Al_2O_3 薄膜的钝化性能将被激活，钝化效果显著增强。退火后，钝化效果增强可能的原因如下：①退火增加了负束缚电荷密度，从而增强场效应钝化作用；②退火过程中 Si-Al_2O_3 界面生成 SiO_x 薄层，从而使 Si-Al_2O_3 界面缺陷密度降低。原子层沉积 Al_2O_3 对 p 型晶体硅背面具有良好的钝化性能，且高温稳定性良好，可以与常规丝网印刷、高温烧结工艺相结合，在未来制备高效晶体硅太阳电池中有着广阔的发展潜力。

（5）叠层薄膜钝化

硅片表面钝化主要有两种方式：一种是化学钝化，一种是场钝化。早期高效电池的背面钝化工艺，主要是通过表面氧化工艺，在氧气气氛下加入 TCA 气体，氧化温度为 1000℃，在 Ar 气氛下进行冷却。但是热氧化的温度较高，会因热应力降低硅片体寿命。因此，主要集中在低温钝化技术，采用 SiN_x:H、Al_2O_3 等。其中，Al_2O_3 钝化技术可以将 p 型硅片表面复合速率降低至 $1 \sim 5cm/s$。目前，制备 Al_2O_3 薄膜的方法有原子层沉积（ALD）、等离子体增强化学气相沉积（PECVD）、常压化学气相沉积（APCVD）等。

2008 年，德国 Institut fur Solarenergieforschung Hameln/Emmerthal（ISFH）研究所的 J. Schmidt 等人比较了热氧化 SiO_2、ALD 生长 Al_2O_3 和 Al_2O_3/SiO_x 三种钝化膜，其中 SiO_x 采用 PECVD 制备。结果表明，Al_2O_3/SiO_x 叠层膜具有更低的表面复合速率，达到了 $70cm/s$，PECVD 制备的 SiO_x 层是富含 H 原子的，因此可以进一步降低表面复合。为了进一步深入研究此现象的机理，德国 Konstanz 大学的 T. Lüdera 等人对烧结过程中 Al_2O_3 钝化性能稳定性作了细致研究。主要是因为在烧结过程中，Al_2O_3 薄膜出现鼓包（blister）现象。笔者对 Al_2O_3 膜厚度与烧结温度进行分析，发现 Al_2O_3 厚度较厚时更容易产生此现象。所以，Al_2O_3/SiN_x 叠层膜具有更好的烧结稳定性能。2013 年，Fraunhofer ISE 的 Pierre Saint-Cast 通过 nuclear reaction analysis（NRA）测试，针对 SiN_x 中的 H 原子进入 Al_2O_3 薄膜的动态物理过程进行细致研究，如图 9-9 所示。当 Al_2O_3 薄膜沉积后，经过退火、烧结等工艺过程后，H 原子的百分比将会减少，降低钝化性能。而 Al_2O_3/SiO_x 叠层膜中，经过退火、烧结等工艺过程后，Al_2O_3 中仍然存在高百分比的 H 原子，能够有效地维持 Al_2O_3 钝化性能，提高了烧结稳定性。

以上研究表明，利用叠层薄膜对太阳电池背面进行钝化，可以得到低的背面复合速率，同时叠层薄膜可以承受烧结过程中铝浆料的侵蚀，可与现有的丝网印刷及烧结工艺相匹配，具有大规模量产的前景。

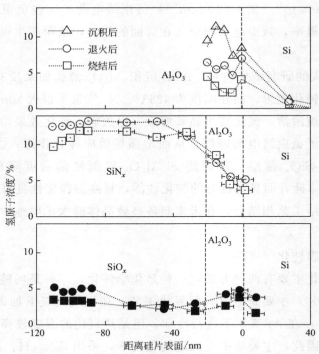

图 9-9　Al_2O_3/SiN_x 中 H 原子在不同工艺过程中的分布

9.2.4　电极新工艺

9.2.4.1　铜电极

晶硅电池正面电极，不仅需要考虑其电学性能，还要兼顾其光学性能，因此需要实现较低的金属/半导体接触电阻、较小的金属栅线体电阻及较高的高宽比。在产业化过程中，考虑到在组件性能老化方面，还需要能与硅形成较高拉力的接触，对环境污染小。目前，晶硅电池的电极材料为银及玻璃相混合体，这是由于 Ag 在所有金属中电阻率最低，仅为 $1.59 \times 10^{-6}\Omega \cdot cm$，适合作为晶硅电池的正面电极。在富有金属中，Cu 的电阻率为 $1.68 \times 10^{-6}\Omega \cdot cm$，与 Ag 的电阻率最接近，仅比 Ag 高 6%，如表 9-1 所示。Cu 的储量为 10 亿吨，年产量 160 万吨，分别是 Ag 储量的 1700 多倍和年产量的 800 倍。采用 Cu 作为电极材料完全能够满足硅基晶硅电池大规模应用的需求，如表 9-2 所示。

表 9-1　与 Ag 比较，不同金属的电阻率　　　　单位：$10^{-6}\Omega \cdot cm$

金属	Ag	Cu	Al	Ca	Zn	Ni	Fe	Sn	Pb	Ti
电阻率	1.59	1.68	2.82	3.36	5.90	6.99	10.0	10.9	22.0	42.0
增长率/%	0	5.7	77	111	271	340	529	586	1284	2541

表 9-2　地球富有金属及年产量　　　　　　　　　　　单位：10^6 t

金属	Ag	Cu	Al	Ca	Zn	Ni	Fe	Sn	Pb	Ti
储量	0.57	1000	巨大	5200	480	150	巨大	11	170	1500
年产量	0.02	16	40	14	11	1.6	2200	0.3	3.8	6

由此可见，Cu 电极是 Ag 电极的主要替代选择，用铜电极材料的晶硅电池可以降低晶硅电池的生产成本。但是现有晶硅电池生产工艺中 Cu 作为电极存在以下 3 个问题：

① 易氧化。Ag 比较稳定，抗氧化能力强，保证了丝印后在约 750℃ 的烧结中不形成氧化物，保证了栅线电极的导电性以及电极与硅表面之间的欧姆接触特性。而在此烧结温度下，Cu 容易与氧形成电阻率较高的 Cu_2O 和 CuO，增加栅线电极的电阻率。

② 扩散形成复合中心。栅线电极中的 Cu 如果扩散到硅片中，会在硅能隙中引起有效带隙杂质态，而使得硅片的少子寿命显著降低，从而影响器件电子、空穴的输运。这是影响铜基复合电极在晶硅电池和其他微电子器件中普及应用的关键原因之一。

③ 长期可靠性低。Cu 的环境耐候性不如 Ag 的好，暴露于潮湿空气中，Cu 会缓慢氧化成 CuO 和 Cu_2O，氧化程度与湿度、温度有关。

解决以上难题的措施有：

① 为解决 Cu 高温氧化特性，通常采用附着力强、不需要烧结工艺的薄膜制备技术，如磁控溅射、电镀、光诱导镀、化学镀、等离子镀等制备技术。目前应用最广泛的制备 Cu 基复合电极的技术是电镀、光诱导镀等。

② 通常解决 Cu 在 Si 中扩散的办法是在铜与硅之间制备缓冲阻挡层，微电子行业使用 TaN 作为阻挡层。硅晶硅电池中有报道使用 Ni、Ti 的。发展低成本的阻挡层材料、结构及制备技术，是使用铜作为晶硅栅线前电极的关键技术。

③ 为防止空气中缓慢氧化，在 Cu 电极表面覆盖一层 Sn 或者 Ag，将 Cu 与空气隔离，也便于后续组件的焊接工艺。

国外一些著名的光伏研究所和大公司在近几年开始涉足铜基复合电极电池领域并已取得实验室阶段的初步进展：

2011 年 9 月，在 26 届 EU PVSEC 展会上，德国 Fraunhofer-ISE 太阳能系统研究所展示了其可应用于工业生产的晶硅电池铜基复合电极电镀工艺，这一技术可以在未来进一步降低电池生产成本，提高效率。该研究所已经在 20mm×20mm 的电池上采用稳定的铜基复合金属电极化工艺取得了效率为 21.4% 的 p 型晶硅电池，其方块电阻为 120Ω/sq。目前正努力在工业标准尺寸的硅片上复制这一结果。2011 年 11 月，德国肖特公司利用 RENA 的光诱导镀实验设备，采用镍/铜复合金属电极、PERC 技术、背接触技术，在 156mm×156mm 的单晶硅片上制备的铜基复合电极晶硅电池效率达到了 20%，在 156mm×156mm 多晶硅片上制备的铜基复合电极晶硅电池转换效率为18%。2012年4月，韩国现代重工采用了激光掺杂选择性发射极技术，并使用铜代替银作为正面电极材料。据称，现代团队的关键改进在于调整了正面氮化硅的沉积参数，解决了镀铜工艺的一些难题。电池背面采用全铝背电极，效率达到了19.7%（156mm×156mm硅片）。2012年6月，日本KANEKA公司与比利时研究机构IMEC宣布，双方共同开发的150mm×150mm晶硅电池单元的转换效率达到了22.68%，利用了IMEC的铜电镀技术。First Solar在2014年下半年开始Tetracell铜基晶硅电池的"试验性"生产，Tetracell采用光诱导镀，在激光刻蚀的沟槽中电镀了40μm宽Cu/Ni复合金属电极。生产流程无需使用特殊设备，电池开路电压值超过700mV的成果是在125mm×125mm的Cz单晶硅上实现的，其转换效率超过了21%。2013年7月赛昂电力采用了金属铜代替银浆作为栅线电极，利用隧道效应异质结型研制的高效晶硅电池，大幅提高了转换效率和实际工况下发电能力，实验室转换效率为22.1%，量产转换效率为21.4%，温度响应系数为0.22%/℃。

9.2.4.2　光刻蒸发法

光刻蒸发法（photolithographical definition and evaporation）主要用于实验室制作高效电池。早在半导体集成电路中就已经受到广泛的应用。主要特点是：可精确对位；可制作线径小于5μm的细栅线；得到的栅线与基体的接触电阻低；制作高的栅线所需时间长；成本高。

光刻蒸发法工艺过程如图9-10所示，为了使光刻胶与基体紧密接触，防止腐蚀液流入光刻胶与基体空隙，在旋涂光刻胶前一定要对硅片表面进行清洗。用旋涂的方法在硅片表面沉积一层光刻胶并干燥。将印有所需电极图形的掩模板放置在硅片上方，用紫外灯照射硅片，光刻胶在紫外线作用下解交联，通过显影液将解交联的光刻胶清洗去除。还需要进行一次光刻胶的固化，使其在接下来的湿法腐蚀中稳

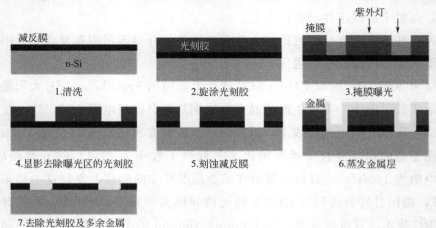

图9-10　光刻蒸发法电极制作流程

固地与硅片粘接。然后，通过真空电子束蒸发沉积技术，依次蒸发钛、钯、银，形成 Ti/Pa/Ag 多层金属电极。钛与掺杂浓度 $1 \times 10^{19} cm^{-3}$ 的 n-Si 的接触电阻小于 $10^{-5} \Omega \cdot cm^2$。钛还能减少硅表面的氧化层，与硅能形成很好的连接。钯可防止银、钛层之间相互扩散，同时可作为银、钛间的粘接剂。银的高电导率是作为上层导电材料很好的选择。最后用丙酮溶剂去除余下的光刻胶及多余的金属。为了减小金属电极所引起的串联电阻，通常还需要用电镀方法增加金属层厚度。

9.2.4.3 模板印刷法

模板印刷（stencil-printing），在国内光伏行业称为无网结网版，目前已经成为高效晶体硅太阳电池丝网印刷常用技术。如图 9-11 所示，唯一的区别是丝网印刷大多采用钢丝网版作掩模，而模板印刷通常使用金属箔，图形通常通过电铸得到。主要是为了解决常规印刷网版存在的以下三个问题：

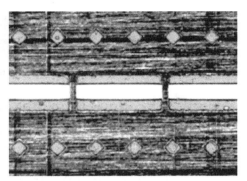

图 9-11　乳胶膜加金属箔的模板

① 细丝径：强度低，成本高，易断线，易破版；

② 高目数：孔径缩小，透墨量减小；

③ 降纱厚：重扎网结增大，易破版。

主要特点是：透墨量大，可制作较高的高宽比、细线径（$30 \mu m$）且边缘整齐的电极，而且印刷过程对金属箔模板无损伤。需要注意的是在制作模板时要求与衬底接触的一面非常平整，以防止损坏硅片。金属箔比网版乳胶膜更硬，浆料更容易在模板和硅片间散开，导致印刷宽度增加。电铸形成的金属箔模板成本很高，一旦印刷时出现碎片，模板将受损而无法使用。浆料的选择很重要，不同材料的金属箔对印刷浆料的要求不同，黏度不合适的浆料将导致印刷上的栅线坍塌，从而得不到高高宽比电极。为了克服单纯金属箔的这些问题，可结合丝网网版的优点，将丝网网版的钢丝替换成单层金属箔。如此可以降低碎片率，又能提高网版透墨量。模板印刷的工艺过程与丝网印刷一致，只是在印刷时用金属箔模板代替丝网网版。

如图 9-12 所示，上行图为丝网印刷网版，下行图为 Stencil-Printed 模板开膜形状图。无网结网版，具有线条形貌优异、可印刷超细栅及降低银浆料的单耗、降低电池金属栅线的遮光面积以及提升电池效率的优点。

9.2.4.4 移印法

移印（pad-printing）通常用于小型物品或表面凹凸不平的物品的印刷。常见的印刷物品有棒球、化妆品盒、USB 碟、笔等。移印与盖印章类似。盖印章是在

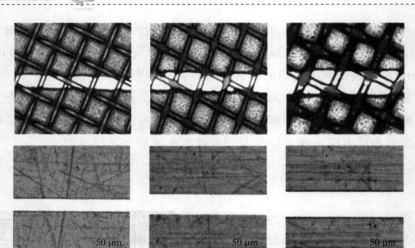

图 9-12 不同开膜宽度（$30\mu m$、$45\mu m$ 及 $60\mu m$）网版的光学显微镜图

印泥上吸墨汁，印在纸上。移印法印刷电极技术，印章的图案在印章上，而移印的图案在图版上。主要特点是：印刷方法快速，成本较低。现有丝网印刷浆料只要稍做改变（降低黏度、加入树脂）就可应用于移印中。

将表面刻有图形的图版（感光树脂或钢板）通过磁性吸附的方式安装在印刷机上。用橡胶刮条将储墨槽中的墨料填充到图版中，再用刮刀将版上多余的墨料刮回储墨槽，使得墨料只存在于图版的凹陷位置。墨料因溶剂蒸发而变得黏稠而有附着性。胶头（pad）向下压在版上，再向上提升，将图版中的墨料黏附在胶头表面。圆形胶头可以防止气泡存在于胶头和墨料之间。最后，移开版，将胶头压到硅片上，形成电极。

在太阳电池规模生产中，使用旋转移印比一般的移印更优越。因其能降低印刷在硅片表面的压力，更能有效提高产率。

9.2.4.5 点胶法

点胶法（dispensing）通常用于涂胶封装电子元件，广泛应用在 SMT（表面贴装技术）、半导体、先进封装、平面显示器、混合电路、汽车、机械装配、电池等行业，如图 9-13 所示。主要特点是：不与硅片接触，工艺步骤简单。但其对所用墨料有一定要求，需要在高压下不散开。

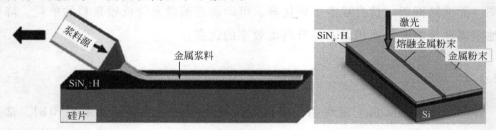

图 9-13 点胶法电极制作示意图

将胶体墨料注入墨囊，通过气动压力将膜囊中的胶体墨料挤出，覆盖到硅片上。喷嘴与衬底始终保持一定距离。喷嘴直径要比墨料中粒子的最大直径大 7 倍以上。

9.2.4.6　激光烧结法

激光烧结法（laser sintering）是利用激光将一层薄的金属粉末或金属箔烧结到硅片表面。要形成好的电导率，必须多层烧结，或通过其他方法增厚。

在硅片表面覆盖一层金属粉末（或金属箔），选用合适能量的激光在金属粉末（或金属箔）上扫描，在氮化硅表面开槽的同时将金属熔化，与硅形成接触。必须使用脉冲激光，从而使激光能量传播的范围限制在栅线所在位置。这样多余的金属就能很容易地从硅片表面去除。

9.2.4.7　激光转印

激光转印（laser transfer contact，LTC）是 Schmid 公司独有的非接触电极制作技术。激光转印是通过激光将架于硅片上方箔片上的浆料转移到硅片衬底上的技术。主要特点是：不与硅片接触；金属浆料利用率高；箔片成本低（低于丝网印刷网版价格），可循环利用（半年换一次）。

如图 9-14 所示，激光转印的箔片是采用一种特殊材质的合成物，能透射激光。印刷时箔片离硅片 0.4～0.5mm，并不停地循环移动。需要沉积在硅片上的金属浆料涂覆在箔片上。激光透过箔片降低浆料黏度，使浆料成滴，沉积到硅片上，同时将金属颗粒烧结到硅片中。这种印刷方式精度较高，在印刷 60～70μm 线宽的电极时，对位精度可达到 5μm。在印刷完背电极后，可以直接印刷背场，能节省一次烘干，单线产能达到 3000 片/h。

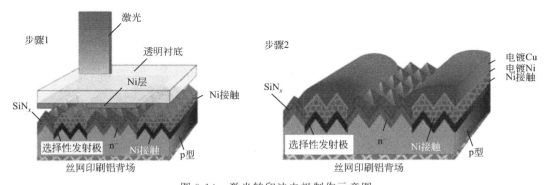

图 9-14　激光转印法电极制作示意图

关键部件包括激光和超薄金属膜，首先激光转印法沉积 Ni 种子层，然后进行电镀 Ni、Cu

9.2.4.8　喷墨/喷雾法

喷墨/喷雾法（aerosol-jet print/ink-jet print）是一种直写非接触电极制作方

法。可以用来制作细栅，相比于光刻蒸发方法，喷墨/喷雾法金属材料利用率高，而且工艺过程更简单。如图 9-15 所示，与丝网印刷相比，可以得到更细（<20μm）的栅线。非接触特性使得喷墨/喷雾法可以用于薄片电池电极制作。所使用墨料中的金属颗粒为纳米量级，比丝网印刷浆料中的金属颗粒更小，可以与衬底形成更佳的欧姆接触。

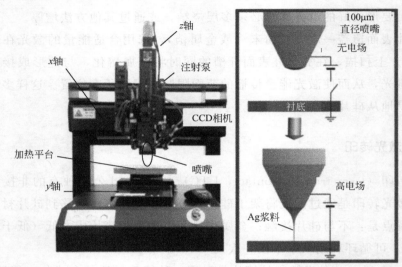

图 9-15　喷墨/喷雾法电极制作示意图

喷墨法可以分为两类：滴注及连续喷注系统。连续喷注模式下，墨料流通过高压从喷嘴中挤出，分散成一连串墨滴。墨滴受电信号控制，颗粒大的液滴在电场作用下偏移，通过回收槽回收。在滴注模式下，通过压电转换，产生需要尺寸的墨滴，直接从喷口喷到衬底上。喷墨法的墨料中银含量较低，而溶剂含量更高。含银 21% 的墨料喷涂可形成高 2μm 的金属膜，烧结后，高度降低为 0.3～0.5μm。要达到足够的电导率，需要对喷墨法制得的电极进行增厚处理。

还可使用雾状墨料，喷雾系统与喷墨相似，但工作原理不同。通过特殊的喷头墨料呈墨状从喷口喷出。沉积的电极宽度比喷嘴宽度小得多，以防止喷口堵塞。用直径 200μm 喷口可喷出线宽小于 40μm、高度 1～2μm 的细栅线。

9.2.4.9　电镀法

电镀（plating）就是将化学溶液中的金属粒子沉积到固体表面的技术。电镀分为有电电镀和无电电镀。有电电镀需要外加电压，电压正极连接金属材料，负极连接待镀物体，在正负极间形成电流。正极金属失去电子氧化进入溶液，在负极得到电子还原并沉积到负极。在太阳电池电极制作中，通常是先在硅片表面形成一层薄金属层（通常称电镀子层），再通过光诱导电镀（LIP）增厚电极。通常子层电极必须细线径，因此可通过光刻蒸发、丝网印刷、电镀或喷墨法得到。

LIP 是一种非常重要的电极制作技术，需要外加光源，令电池形成光生电流从而形成电流通路，通常使用白光或黄光作光源。电池正极朝向光源，在光照下电池正面栅线呈电负性，将溶液中的 Ag^+ 还原，使得 Ag 能沉积到栅线位置上，电池背面与外电源负极相接，将电池产生的空穴导出，由此形成回路。由于光照下电池表面栅线处电压均匀，因而比直接将外电源负极接到电池正面形成的电镀银层更为均匀。影响电镀电极最重要的因素是电镀液，不同成分的电镀液形成电极形貌及电特性都不同。另外，灯源光强、外电压、温度、时间都会对电镀银的质量造成影响。另外，电镀要求电池表面减反射膜具有很高的致密性，防止在电极区域外通过减反射膜的孔洞形成电镀区域。

无电电镀不需要外加电压，待镀表面能自主与电镀溶液反应。在太阳电池电极制作中，通常采用激光在氮化硅上开槽，露出内部的硅，再镀镍形成金属接触，最后通过 LIP 增厚电极。

9.2.4.10　双层电极技术

双层电极技术是替代单层电极的一项很有前景的电极制作技术。双层电极在制作时先沉积一层子层，再通过电镀或其他工艺在子层上沉积高电导率的金属导电层，如银、铜。双层电极的优点是，可以根据两层电极各自的目的和要求分别进行优化，从而提高电池的整体效率。

子层制作方法：光刻蒸发、激光直写、电镀、细栅印刷、喷胶/喷墨打印；

目标和要求：高电导率、高宽比、低接触电阻及与衬底及导电层的粘接性能好，有时需要作为上层金属的扩散阻挡层，以防止上层金属扩散进入硅体，形成复合中心；

导电层制作：电镀（光诱导或化学无电电镀）、多层印刷；

目前商业化较为成熟的双层电极设备有：迅得（SCHMID）光诱导电镀（LIP），Meco 工程设备公司电池栅线电镀设备（cell plating line，CPL），得可（DEK）堆叠式印刷，Micro-tech 二次印刷，应用材料公司 Esatto 双重印刷。

9.2.4.11　多主栅与无主栅电极

最早提出多主栅概念的是京瓷公司，京瓷的研发人员为了进一步提高太阳电池的效率，他们尝试采用更细的主栅，同时增加主栅线的数量。优势主要包括：

① 减少遮光面积。多主栅圆形焊带将光有效反射到电池上，提高组件短路电流，焊带区域光学利用率由 5% 以下提高到 40% 以上。

② 降低电阻损耗。主栅线宽度更细、间距更窄，可缩短细栅线电流传输距离。在半片组件中，电池通过串联或并联连接封装后，可以进一步降低电阻损耗，最终组件功率可提升 10W 以上。

缺点主要是，焊带焊接主栅较为困难，且无法保证焊接拉力。为了解决这一问题，目前 MBB 电池正面仅印刷细栅线，在组件端采用多根特殊镀层铜线，通过层压实现主栅与细栅的串焊及互连，可以实现遮挡面积减少 25％、低温焊接及银浆损耗减少 80％。第二种技术路线是，电池正面印刷细栅线，细栅与主栅交界处预留焊盘，铺设特殊镀层铜线，焊接并层压实现封装，可以电池遮挡面积减少 10％、常规焊接＋层压温度。目前市场上主要有以下几家设备生产商的无主栅技术，我们将详细比较一下他们技术的特点。

（1）加拿大 Day4 Energy/Meyer Burger

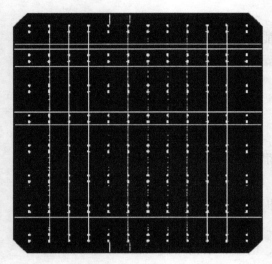

图 9-16　无主栅电池实物图

最早提出无主栅概念的是加拿大电池和组件公司 Day4 Energy，该公司在 2008 年就获得了后来被称为 Day4 Electrode 的专利技术。该技术对传统电池工艺的革新体现在金属化和互连两个工艺中，电池在 PECVD 减反射镀层后网印细栅，而后不网印主栅，而是将一层内嵌铜线的聚合物薄膜覆盖在电池正面，如图 9-16 所示。这层薄膜内嵌的铜线表面也镀有特别的低熔点金属，在随后的组件层压工艺中，层压机的压力和温度帮助铜线和网印的细栅结合在一起。这些铜线的一端汇集在一个较宽的汇流带上，在同一步层压工艺中连接在相邻电池的背面。

2011 年，Day4 Energy 将此技术成功应用于 Roth & Rau 的异质结电池，并取得了 19.3％的组件效率。同年，瑞士的设备制造商 Meyer Burger 收购 Roth & Rau，将技术更名为 SmartWire 并继续开发，如图 9-17 所示，并于 2013 年向市场发布。与传统 3 主栅技术相比，由于 30 条主栅分布更密集，主栅和细栅之间的触电多达 2660 个，在硅片隐裂和微裂部位电流传导的路径更加优化，因此由于微裂造成的损失被大大减小，组件的产量可提高 1％。更为重要的是由于主栅材料采用铜线，电池的银材料用量可以减少 80％。

（2）德国 Schmid

2012 年，德国太阳能设备制造商 Schmid 也发布了自己的无主栅技术 Multi Busbar，如图 9-18 所示。虽然设计理念与 Day4 Energy 的技术类似，但实现方式有所不同。其主栅也为有特殊镀层的铜线，但铜线不是内嵌在聚合物薄膜中，而是直接铺设在电池表面。除铜线铺设方式外，另一点显著不同在于 Schmid 技术对细栅的要求，细栅网版需特殊设计，在细栅与主栅交界处预留焊盘。在电池网印细栅完成后，通过串焊机将 15 条铜线精确地铺设在电池表面的细栅的焊盘之上，并采

图 9-17　Meyer Burger SmartWire 技术

用红外辐射完成焊接，同时也将铜线焊接在相邻电池的背面。焊接完成后的电池进行普通的层压。

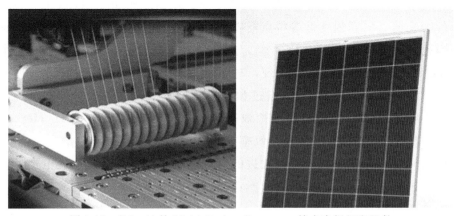

图 9-18　Schmid 的 Multi Busbar Connector 技术串焊机和组件

　　Schmid 的无主栅技术可以说在最大程度上继承了现有的网印电池和组件工艺。所需更换的就是细栅网版和新的串焊设备。与 Meyer Burger 类似，Schmid 的 Multi Busbar 技术可以降低电阻损失，将填充因子提高 0.3%，效率净提高 0.6%。银浆的用量也可以降低 75%。

　　（3）GT Advanced Technology

　　在这一波无主栅设备的浪潮中，总部设于美国的 GT Advanced Technology 公司也不甘示弱，在 2014 年 3 月发布了名为 Merlin 的无主栅技术，如图 9-19 所示。该技术在设计理念上更偏向 SmartWire，在细栅网印后，镀层铜线铺设在电池正面，在组件层压步骤中一次完成主栅细栅间和电池间的互连。根据专利，Merlin 技术还有其他电池互连的实现方法。Merlin 技术的细栅采用分段结构，这进一步挖掘了主栅数量增多所带来的优势，通过分段的细栅进一步减少银的用量和正面遮挡。但是，如

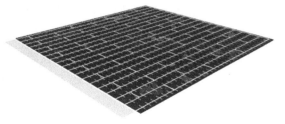

图 9-19　GT Advanced Technology 的 Merlin 无主栅技术

果一条铜线断裂，则这一串短细栅的电流都将无法收集。为了解决这一问题，我们看到 Merlin 的主栅铜线之间出现了不同于 SmartWire 和 Multi Busbar 的浮动连接线，据推测这些连接线与电池的发射极并不相连，仅起到主铜线之间的互连作用，或许兼具一些支持作用。这就引出了 Merlin 与 SmartWire 的另一个不同，其铜线并不一定需要聚合物薄膜的支撑，铜线与连接线组成的网络结构自身可能就可以维持形态铺设在电池上，并在层压工艺中与分段细栅互连。组件商则向 GTAT 购买 Merlin 铜网和铺设设备，用于将购买的半成品电池加工为组件。

9.2.5　薄硅片电池

由于超薄硅片能够大量降低每峰瓦（瓦每平方米，W/m^2）硅料使用量，但超薄电池的吸光弱、机械强度低等特点需要生产工艺调整改进才能符合成本、良率等要求。因此超薄晶体硅太阳电池生产工艺也成为了高效太阳电池研究的一个新方向。Mark J. Kerr 等人通过模拟发现，硅电池厚度在 $100\mu m$ 左右时达到理论最高效率值 28.5%。Tom Tiedje 等人通过数学模拟同样发现，在优化条件下，$100\mu m$ 厚的硅太阳电池可达到其最大的理论效率 29.8%。而在实验中，Jan Hendrik Petermann 等人制备出厚度为 $43\mu m$、效率为 19.1% 的超薄硅太阳电池。

与前面介绍的在结构方面进行改进的高效电池不同，超薄晶体硅电池的研发更注重于传统工艺上的改进，所以目前产业化方面还需要以下几点的突破：

（1）硅片切割技术

传统的多线研磨液硅片切割技术需要大量的 SiC 和 PEG 作为切割媒质对硅片进行切割，且对硅片的损伤较大，在切割后需要腐蚀掉硅片表面的损伤层，这就决定了采用传统线切割技术无法得到可产业化生产的薄硅片。最新的金刚线切割技术主要采用附着金刚石颗粒的金属线对硅锭进行切割，常以水为冷却剂。尽管金刚线技术成本较高，但因为可实现高速切割，且无需 SiC 和 PEG 等切割媒质，可节约较大运营成本，目前金刚线切割技术已经被各个大公司使用。而由 SiGen 公司开发的一种名为 PolyMax 的切割技术，可以为真正意义上的超薄硅片量产带来希望。PolyMax 切割技术主要将离子束（如 H 离子）注入到硅锭的一定深度，随后通过撕裂的方式得到 $20\sim150\mu m$ 厚的硅片。相对目前的 $180\sim200\mu m$ 的线切割硅片而言，它不仅节约了大量原料，而且还减少粘贴、切割及清洗等工艺。

（2）自动化生产

超薄硅片在切割或电池制备过程容易引入隐裂纹，人为的手动操作会增加硅片破片率，此时，人工操作生产将不再适用于超薄硅片的发展。因此，超薄电池对产线自动化水平要求较高。

（3）电极制备

太阳电池技术的快速发展，很大程度上得益于浆料的不断改进和创新。而当硅

片厚度下降到 $140\mu m$、$120\mu m$，甚至 $100\mu m$ 以下时，新的铝浆料需要在高温烧结时具有低的翘曲率、优良的背面场等性能。若电池片翘曲过于严重，不仅影响电池性能，同时在制备组件过程中将会极大增加硅片的碎片率。新的银浆也需要配合较低温度的铝浆烧结工艺，以实现低的金属/半导体接触电阻。

采用 Ni/Cu/Ag 等结构的前电极电镀和背面蒸镀铝工艺已经被应用于实际电池产品生产中，如 Suntech 的 Pluto 电池。由于电镀和蒸镀铝之后只需要较低的退火温度就可以获得良好的欧姆接触，可避免硅片翘曲。同时，这两项技术代替丝网印刷技术可简化制备流程，并减少对硅片施加过大的外力，降低硅片的碎片率。电镀工艺具有工艺简单、成本低等特点，逐渐成为各大公司投入研究的对象。透明导电薄膜和低温银浆，可以制备超薄 HIT 电池，虽然成本相对常规银铝浆高很多，但因能够避免高温烧结，减少高温烧结对钝化膜的破坏，可制备出性能优良的超薄电池。

（4）制绒及后清洗工艺

当硅片厚度降到 $100\mu m$ 以下时，常规的碱制绒或酸制绒工艺会有双面制绒效果，若单晶硅"金字塔"高度达到 $5\mu m$ 时，双面"金字塔"总高度就会有 $10\mu m$，此时对超薄硅片而言相当于引入了较大的隐裂纹，这样会增加后续电池制备的碎片率。解决该问题途径主要有：第一，采用小绒面结构；第二，采用单面制绒技术。更薄的硅片采用目前产业化的单面化学湿法腐蚀去背结，容易引起硅片底下的化学腐蚀液绕过硅片边缘，到达硅片正面，正面的 p-n 结将会被刻蚀。采用正面镀 SiN 做掩膜，可以解决去背结这个问题。同时，当硅片厚度减小到更小时，如 $60\mu m$，硅片将表现出一定的柔韧性，在后清洗过程中会在两个滚轴之间呈现一定的弯曲，现有的后清洗设备将很难实现去背结。因此，后清洗设备厂商需要根据硅片厚度的发展对现有的设备进行升级改造。

（5）镀膜工艺

现有的管式 PECVD 镀膜设备采用的石墨舟普遍为 3 个挂钩点以承载硅片，薄硅片在 PECVD 镀膜设备中因受重力及热膨胀因素影响，容易引起硅片弯曲，氮化硅（$SiN_x{:}H$）或氧化硅（SiO_2）等绕到非镀膜面，这不仅影响了非镀膜面的性能，同时也造成相邻硅片的介质膜均匀性变差。因此，未来超薄电池的发展需要对现有石墨舟挂钩点进行改造。

9.3 高效晶体硅电池发展

9.3.1 PERC 及 TOPCon 太阳电池

钝化发射极与背面局域接触太阳电池主要包括钝化发射极太阳电池（passivated emitter solar cell，PESC）、钝化发射极及背面局域接触太阳电池（passivated emitter and rear cell，PERC）、钝化发射极及背面完全扩散接触太阳电池（passivated emitter and rear totally diffused，PERT）、钝化发射极及背面局域扩散接触太阳电池（passivated emitter and rear locally diffused，PERL）太阳电池，本节重点介绍 PERC 电池及由 PERT 电池演变过来的 TOPCon（tunnel oxide passivating contacts）电池发展历史、工艺路线及效率提升的途径。

1984 年，澳大利亚新南威尔士大学（Solar Photovoltaic Laboratory，University of New South Wales），M. A. Green 等人提出了钝化发射极太阳电池（passivated emitter solar cell，PESC），结构特征主要是以 p 型 FZ 硅片为衬底，前表面采用 MgF_2/ZnS 叠层减反射膜，热氧化 SiO_2 钝化发射极。其次，金属栅线与发射极接触，是采用局域线接触结构，金属栅线宽度为 $20\mu m$，高度为 $8\mu m$，有效地提高开路电压至 $653mV$。电池面积为 $4cm^2$，效率达到了 19%。1989 年，A. W. Blakers 等人首次提出了钝化发射极与背面局域接触太阳电池（passivated emitter and rear cell，PERC）在 STC（standard test condition）测试条件下，面积为 $4cm^2$ 的器件取得认证的光电转换效率达到了 22.8%，成为当年晶体硅太阳电池世界纪录。其主要的结构特征为：以 p 型 FZ 硅片为衬底，前表面采用倒金字塔结构，背面采用抛光结构，采用 TCA，也称甲基氯仿（methyl chloroform），通过高纯氧气工艺，生长高质量的 SiO_2，作为前后表面的钝化膜。通过氢气浓度为 4% 的 FGA 混合气体退火，Al/SiO_2 会形成高质量的背钝化膜。采用光刻掩膜法制备选择性发射极结构，在金属与半导体接触区域形成方阻为 $20\Omega/sq$ 的重掺杂区域，轻掺杂区域采用方阻为 $250\Omega/sq$，此种结构，能够有效地降低发射极的复合和金属与发射极的接触电阻率。在波长为 $1100nm$ 时，相比于 Al/Si 界面 88% 的背反射率，背面采用 $Al/Si/SiO_2$ 叠层膜作为背反射器，可获得 97% 的背反射率。

为了进一步提高 PERC 电池效率，1990 年，赵建华、王爱华等人提出了钝化发射极及背面局域扩散接触太阳电池（passivated emitter and rear locally diffused，PERL），在 STC 测试条件下，面积为 $4cm^2$ 的器件取得认证的光电转换效率达到了 24.2%，成为新的晶体硅太阳电池世界纪录。其结构改进点主要是，背面局域接触通过扩散硼源制备，相比于固态源和旋涂法制备局域重掺杂，液态扩散法对硅片体寿命影响较小。相比于 PERC 太阳电池，PERL 电池具有相同的前表面 $110nm$ SiO_2 单层减反射钝化膜，相同的选择性发射极结构，其短路电流密度达到了 $42.9mA/cm^2$，提高了 $1.9mA/cm^2$。1998 年，由于 SiO_2 减反膜与组件封装材料 EVA 具有相似的折射率，导致组件封装后造成严重的电流损失，因此采用 MgF_2/ZnS 叠层减反射膜，并且进一步优化前电极，电池效率提升到 24.4%。1999 年，赵建华等人比较了不同厂家和类型的硅片，发现 FZ 的硅片电池效率可以达到 24.7%，采用国际上新修正的光谱进行测试，效率达到 25%。

图 9-20 所示为产业化的 PERC 太阳电池世界效率与时间的发展图，其中，c 为特征时间，c 越小此技术发展速度越快。在 PERC 电池产业化及电池研究方面，已

经达到国际领先水平。从 2014 年至 2016 年，天合光能国家重点实验室多次打破
PERC 电池世界纪录，将 PERC 单晶硅电池效率达到 22.61%。而在 2017 年 10 月份，
隆基乐叶打破 PERC 单晶硅太阳电池转换效率世界纪录达到 22.71%（Fraunhofer ISE
CalLab 认证）。同月，再次打破 PERC 单晶硅太阳电池转换效率世界纪录达到 23.6%
［国家太阳能光伏产品质量监督检验中心（CPVT）认证］。2019 年，隆基乐叶再次打
破 PERC 电池世界纪录，正面转换效率达到了 24.06%（CPVT 认证）。

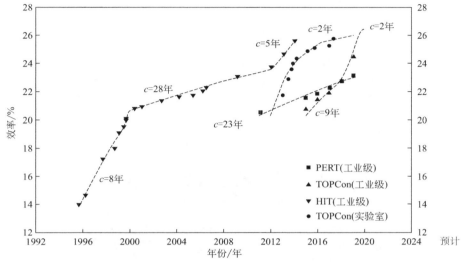

图 9-20 工业级 PERC 单晶与多晶硅电池效率随时间的发展

图 9-21 所示为 PERC 双面电池制备工艺流程，关键技术包括选择性发射极技
术、背钝化技术、背面开膜技术、局域掺杂技术及减少电池衰减等方面。

第一个关键技术是选择性发射极的设计与制备工艺，主要制备工艺包括氧化层
掩膜法（oxide mask process）、离子注入法（ion implantation process）、掺杂硅墨
水技术（doped si inks）、反刻发射极法（etch-back emitter）、激光掺杂制备选择性
发射极（laser doped selective emitter，LDSE）等。其中激光掺杂技术是目前产业
化方面的主流技术，通过激光束在硅片表面进行局部加热，可以减少硅片因高温引
起的晶格损伤和杂质缺陷。根据掺杂源的不同，可分为固态薄膜的激光掺杂源、液
态掺杂源及气体掺杂源。

在选择性发射极的表征方面，如图 9-22 所示，主要是通过电子束诱导电流设
备（electron beam induced current，EBIC）测试出掺杂区域的电信号，能够观察出
重掺杂层的形貌特征。如图 9-23 所示，中山大学太阳能系统研究所的宋经纬等人
采用原子力显微镜（Kelvin probe force microscopy，KPFM）观察激光掺杂后的重
掺杂区域，可观察到选择性发射极区域的电压势垒分布。利用自主开发的旁轴超声
波喷雾激光掺杂系统制备选择性发射极，是通过旁轴超声波喷头喷射磷酸作为掺杂
源，在低压氩气带动下形成高度汇聚的掺杂源雾体，直接喷射到激光作用点，在激

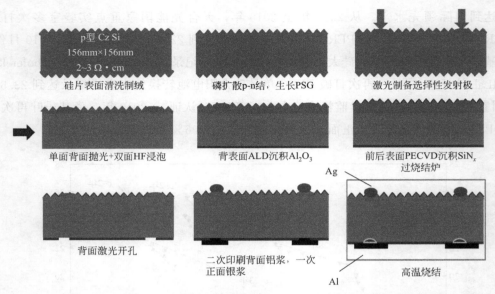

图 9-21　基于选择性发射极的 PERC 双面电池制备工艺流程

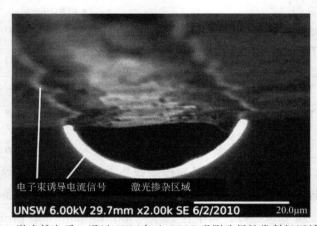

图 9-22　激光掺杂后，通过 SEM 加上 EBIC 观测选择性发射极区域的图像

光高温下形成选择性发射极。

　　第二个关键技术是背面叠层钝化膜。硅片表面钝化主要有两种方式，一种是化学钝化，一种是场钝化。如图 9-24 所示，三种不同制备工艺所制备的 Al_2O_3 钝化 p-Si 表面，在过烧结炉之前 ALD 和 PECVD 可以将表面复合速率降低至 $6\sim8cm/s$，磁控溅射的效果最差。但是烧结后，硅片表面复合速率分别上升至 20cm/s、100cm/s 和 400cm/s。产业化过程中，局域铝背场的空洞问题成为铝浆料研究和突破的关键技术难题。PERC 太阳电池空洞对电池性能的数值模拟见图 9-25。

　　制约 PERC 电池大规模产业化除了成本以外，电池的性能衰减成为了重要因素，其机理目前仍然属于学术研究的热点，也是难点。单晶 PERC 的衰减主要是光诱导衰减效应（light-induced degradation，LID）；多晶 PERC 电池不仅包括 LID 衰减，还有 LeTID（light and elevated temperature induced degradation）衰减。在

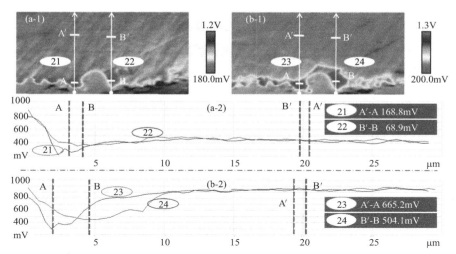

图 9-23　在黑暗和光照条件下，样品截面的 KPFM 测试分布图

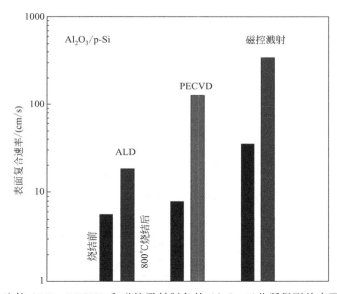

图 9-24　比较 ALD、PECVD 和磁控溅射制备的 Al_2O_3 工艺所得到的表面复合速率

20 世纪 70 年代，LID 效应首次在受到辐射后的 FZ 硅片上发现，美国 COMSAT Laboratories 实验室的 Denis J. Curtin 等人对 Cz 硅片的 LID 现象进行详细分析和测试。如图 9-26 所示，1999 年，澳大利亚国立大学（Australian National University，ANU）的 Jan Schmidt 等人提出了 p 型 Cz 硅片在光照过程中，会同时产生深能级（$E_c + 0.35\text{eV}$ 及 $E_v - 0.45\text{eV}$）和浅能级复合中心（$E_c + 0.15\text{eV}$ 及 $E_v - 0.15\text{eV}$）。2001 年，Fraunhofer ISE 的 S. W. Glunz 等人，针对 B-O 复合的动态过程，提出了 B-O 复合动态方程。通过实验发现，Cz 硅片中的间隙氧原子浓度与硅片体区缺陷态密度是呈线性关系的，并且通过 DLTS 测试出 B-O 复合引起的硅片体区缺陷态在禁带中的位置（$E_c - E_t = 0.26\text{eV}$）。在进一步的研究中发现，间隙

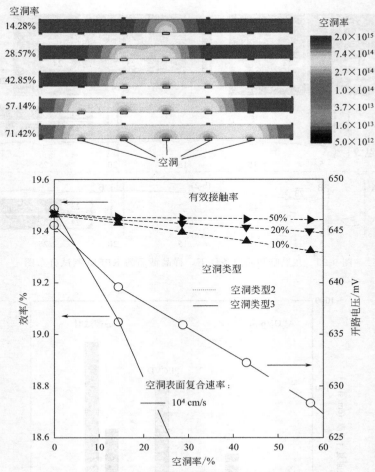

图 9-25 PERC 太阳电池空洞对电池性能的数值模拟

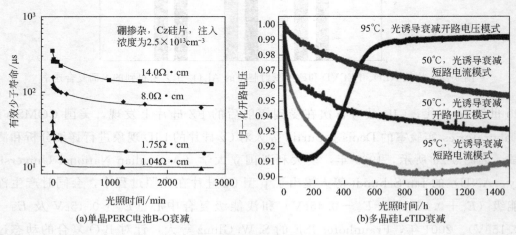

(a)单晶PERC电池B-O衰减　　　　　(b)多晶硅LeTID衰减

图 9-26 单晶 PERC 电池 B-O 衰减和多晶硅 LeTID 衰减

Cu 原子和 Fe-B 对也会产生 LID 现象，而在多晶硅中还存在着未知机理的衰减现象。在 PERC 电池制备工艺过程中，通过扩散吸杂和烧结铝背场可以有效地降低硅片中的 Cu 杂质，降低体区缺陷态密度。针对 LID 衰减，主要的恢复方式包括 200℃退火、掺 Ga 硅片、电注入、光注入及氢钝化等方式。2015 年，德国 Solar-World 公司（SolarWorld Innovations GmbH）提出了 SiN_x：H 的折射率会影响 PERC 电池的 LID 特性，高折射率会引起更大的初始衰减，并且折射率越高导致后续退火加光照效率的恢复时间越长，其机理主要是在烧结过程中，折射率越高的 SiN_x：H 氢原子释放相对越慢。

对于工业级 PERC 电池效率提升及其极限效率研究方面，2017 年，德国 ISFH（Institute for Solar Energy Research Hamelin）研究所公布了 PERC 电池效率达到 24％的技术路线，Pietro P. Altermatt 参与了该技术路线的模拟工作，此技术路线分析是基于可产业化的技术开展的，如图 9-27 所示。

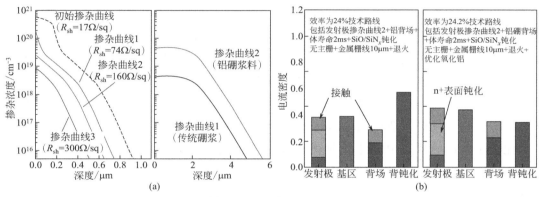

图 9-27　德国 ISFH 研究所公布效率为 24％的 PERC 电池技术路线

PERC 电池效率达到 24％的技术路线，核心内容具体如下：

① 针对发射极金属接触区域采用曲线 1，即为高表面浓度深结，降低接触电阻率和复合电流密度；对于非接触区域采用曲线 2，即为低表面浓度浅结，降低复合电流密度。

② p 型硅片采用 2 ms 的体寿命，背面采用 SiO_2/SiN_x 或 Al_2O_3/SiN_x 叠层钝化膜，结合优化的退火工艺，降低背面复合速率。

③ 对于背面局域铝背场区域，采用掺 B 的铝浆料，降低背场复合电流密度。

④ 电池正面金属化，采用无主栅线结构，并且栅线的宽度需要控制在 $10\mu m$ 以下。PERC 电池的发展趋势，不仅会提高电池效率，还会往 PERC 双面电池方面发展。

本章节针对另一个重要的技术进行介绍，即 N-PERT 与 TOPCon 双面太阳电池。如图 9-28（a）所示为 N-PERT 双面电池的结构图，（b）为 TOPCon 双面电池结构图，TOPCon 电池是基于 N-PERT 电池发展而来的，主要是为了解决 N-PERT 电池背面金属接触区域复合电流密度高的问题。首先，我们针对 TOPCon 太阳电池的发展历史进行回顾。1985 年，美国贝尔通信研究所（Bell Communications Research）的 E. Yablonovitch 等人首次制备出 TOPCon 太阳电池，开路电压

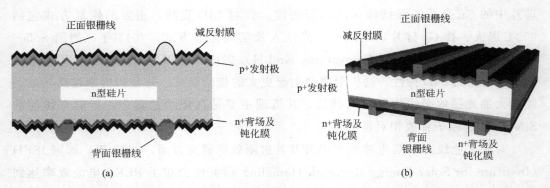

图 9-28　N-PERT 电池结构图和 TOPCon 电池结构图（SERIS 研究所）

达到了 720mV。通过在 p 型硅片表面，湿法生长 SiO_x，然后沉积非晶硅，通过热扩散工艺对非晶硅进行磷掺杂，制备发射极，最终 850℃ 高温退火使其晶化。1990 年，斯坦福大学的 J. Y. Gan 和 R. M. Swanson 针对 Poly-Si/SiO_x/c-Si 界面复合进行细致研究，发现这种结构在 n 型硅片上，可以获得更低的复合电流密度。1999 年，赵建华等人提出了钝化发射极与背面全扩散太阳电池（passivated emitter and rear totally diffused，PERT），采用的是 MCz 的 p 型硅片，而现在航天机电、中来光电等公司大规模产业化的 PERT 电池所采用的是 n 型硅片。2000 年，赵建华等人比较了不同硅片对 PERT 电池的性能影响，发现硅片体寿命对电池性能具有非常大的影响，尤其是硅片的氧含量。比较了掺 Ga 的 Cz 硅片、MCz 硅片和 FZ 硅片，发现 MCz 硅片具有最好的器件性能，效率达到了 24.5%。2013 年，TOPCon 太阳电池真正取得突破性进展。德国 Fraunhofer ISE 的 Frank Feldmann 等人采用 n 型 FZ 硅片，硼扩散发射极，ALD 沉积 Al_2O_3 钝化发射极，PECVD 制备 SiN_x 为减反射膜。背面采用化学湿法氧化，采用高浓度 68%（质量分数）的 HNO_3 进行氧化，SiO_x 的厚度为 1.4nm，20nm 的磷掺杂 poly-Si 沉积在背面，最终高温 800~900℃ 退火。背面复合电流密度为 $9fA/cm^2$，电池开路电压为 698mV，效率达到 23%。2014 年，德国 Fraunhofer ISE 的 Frank Feldmann 等人再次提出双面分别沉积掺硼和掺磷 poly-Si，并且通过 Raman 光谱对沉积的非晶硅层进行表征，发现在 800℃ 退火后，仍然为非晶硅。而经过 900℃ 退火后，非晶硅转变为多晶硅/非晶硅的混合物（semi-crystalline Si layer）。同年，Frank Feldmann 等人采用选择性发射极结构，在 n 型 Cz 硅片上取得了 24.4% 的转换效率。2015 年，美国 Silevo 公司的 Jiunn Benjamin Heng 等人以 6in 的 n 型 Cz 硅片为衬底，首先生长 SiO_x，然后前后表面沉积磷掺杂 poly-Si 和硼掺杂 poly-Si，然后进行退火。主要改进点是电池前后采用 TCO 作为导电和减反射膜，前后电镀铜电极，制备出双面 TOPCon 电池，效率为 23.1%，为 TOPCon 太阳电池产业化提供了依据。

2015 年，德国 Fraunhofer ISE 的 S. W. Glunz 等人比较了 HNO_3 与紫外线加臭氧（UV/O_3）生长的 SiO_x 对电池器件性能的影响。如图 9-29 所示，发现 UV/O_3

生长的 SiO_x 更加致密，且均匀性更好，具有更低的界面复合，取得了 24.9% 的转换效率。同年，德国 Fraunhofer ISE 的 S. W. Glunz 等人通过数值模拟优化硅片电阻率对 TOPCon 电池的影响，最终取得了 25.1% 的效率。2016 年，德国 ISFH 研究所的 Michael Rienäcker 等人将 TOPCon 电池技术应用于 IBC 电池结构，采用低压化学气相沉积（low pressure chemical vapor deposition，LPCVD）沉积本征非晶硅，后采用离子注入掺杂硼和磷。在 $4cm^2$ 的 n 型硅片上，取得了 23.9% 的效率。2017 年，德国 Fraunhofer ISE 的 Armin Richter 等人通过对 TOPCon 前结太阳电池的电阻率、厚度、硅片 SRH 复合进行实验与数值模拟优化，在面积为 $4cm^2$ 的 n 型 FZ 硅片上，取得了 25.7% 的转换效率。2018 年，德国 ISFH 研究所通过优化 POLO 薄膜的制备工艺及激光开膜工艺，在 p 型硅片上制备出 POLO-IBC 结构的太阳电池，效率达到了 26.1%。

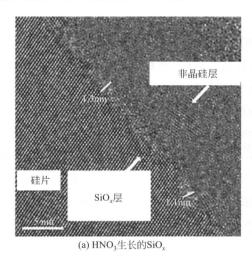
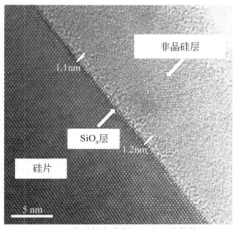

(a) HNO_3 生长的 SiO_x　　　　　　(b) 紫外线加臭氧 (UV/O_3) 生长的 SiO_x

图 9-29　HNO_3 生长的 SiO_x 和紫外线加臭氧（UV/O_3）生长的 SiO_x

在 TOPCon 电池的实验室研究和设备方面，欧美国家仍然处于领先地位。产业化设备方面，主要是 Tempress Systems、Centrotherm 针对 LPCVD 和硼扩散炉进行设备开发和推广。电池产业化方面，新加坡 REC、韩国 LG 在技术上处于领先地位，通过设备优化、电池技术优化、叠加 MBB 技术，其 60 片电池组件功率可以达到 320～330W。目前，国内 n 型 TOPCon 电池还处于小规模量产阶段，主要包括中来光电、天合光能、英利、乐叶、航天机电、晶科等，实验室电池效率水平为 23.5%～24.5%，GW 级量产电池平均效率在 23.5% 左右。n 型 TOPCon 双面电池效率不断突破，技术的发展方向也各不相同，双面热扩散、掺杂浆料以及离子注入的方式都有被产业化应用。截至 2018 年年底，能够进行 TOPCon 太阳电池产业化的企业是很少的，主要是泰州中来光电科技有限公司，其关键的技术难点主要是：

① 界面埃米（Å）级 SiO_x 层的生长。在 TOPCon 太阳电池中，生长 SiO_x 层主要是通过 HNO_3、紫外线加臭氧（UV/O_3）、热氧化等工艺，三种工艺所制备的

薄膜，其中紫外线加臭氧及热氧化效果最佳。2016 年，澳大利亚 ANU 的 Di Yan 等人，对 poly-Si 的厚度及退火温度进行详细测试，发现 poly-Si 越厚，越需要提高扩散温度和源。并且发现通过氢气浓度为 4% 的 FGA 混合气体退火，可以进一步降低界面复合，提高电池的开路电压。

② poly-Si 薄膜掺杂工艺。对于 poly-Si 薄膜的掺杂技术，主要是 PECVD 管内气体反应掺杂、热扩散掺杂及离子注入掺杂三种技术。目前，泰州中来光电科技有限公司主要是采用 LPCVD 炉内生长 1nm SiO_2 和多晶硅薄膜，然后采用离子注入掺杂技术，叠加高温退火工艺，实现 n+-poly-Si。除了 poly-Si 以外，EPFL-PV-LAB 近期研究出一种 SiC_x 薄膜的新型应用，并将其成功应用于 TOPCon 电池中，实现原位掺杂技术。衬底为 p 型硅片，采用的是 SiC_x(p)(boron-doped silicon-rich silicon carbide) 薄膜沉积在电池的背面，而后经过 800℃ 的退火，在硅片背面形成一个背钝化层。主要的研究工作是 Gizem Nogay 博士完成的，为了进一步优化电池，采用三氟化硼取代 TMB，并且采用 SIMS 及 STEM 对界面进行细致研究，发现在不同退火温度时，SiC_x(p) 薄膜中的 F 及 Si 原子会相互扩散，在 SiO_x 中形成富含 F 原子层，能够有效地提高电池的填充因子。

③ Ag 浆料烧穿 poly-Si 薄膜引起较高的金属接触复合。德国 Fraunhofer ISE 将 TOPCon 技术应用于单晶硅与多晶硅太阳电池中，多次打破世界纪录。但是，实验室采用热蒸发或者磁控溅射的方式，实现低温 Ag/poly-Si 接触。而在 TOPCon 电池产业化技术中，主要是采用丝网印刷技术，背面印刷 Ag 浆料会烧穿 SiN_x 与 poly-Si 薄膜形成接触。但是，Ag 浆料烧穿 SiN_x 后，会在 poly-Si 薄膜中形成峰值，引起较高的金属接触区域复合，复合电流密度达到 $200 \sim 500 fA/cm^2$。因此，TOPCon 电池背面的金属浆料将会成为其产业化的一个重要瓶颈。

9.3.2　HIT 电池

1992 年，日本 Sanyo 公司功能材料研究中心的 Makoto Tanaka 等人首次提出了非晶硅/晶体硅异质结（heterojunction with intrinsic thin-layer，HIT）太阳电池。如图 9-30 所示，采用 n 型的 Cz 硅片为衬底，整个电池工艺是在 200℃ 以下完成，并且效率达到了 18.1%。其电池结构为：前表面为电极，TCO 为 ITO 薄膜，前表面 PECVD 制备 a-Si：H(p+) 和 a-Si：H(i)，背面 PECVD 制备 a-Si：H(n+)，热蒸发制备铝（aluminum，Al）电极，后来发展为双面 a-Si：H(i) 钝化。HIT 电池具有很好的稳定性能，在温度为 40℃，经过 $500 mW/cm^2$ 的光照后，效率上升，未发现 LID 衰减现象，此现象后来被称为"光照现象"。

2000 年，日本 Sanyo 公司的 Mikio Taguchi 等人，在 $101 cm^2$ 的 n 型 Cz 硅片上，取得了 20.1% 的效率，开路电压到达了 700mV。2006 年，Sanyo 公司 Eiji Maruyama 等人进一步优化清洗工艺及低损伤非晶硅沉积工艺，在 $100.4 cm^2$ 的 n

型 Cz 硅片上，取得了 21.8% 的效率，开路电压达到 718mV。2007 年，瑞士洛桑联邦理工学院（EPFL）研究所的 Sara Olibet 等人根据 Shockley-Read-Hall 理论（SRH 理论），提出了 a-Si：H/c-Si 界面复合模型，为后续晶体硅异质结太阳电池奠定了理论基础。2008 年，Sanyo 公司的 Hiroshi Kanno 等人公布了超薄 HIT（85μm）太阳电池，开路电压达到了 725mV，效率达到了 22.3%，由日本产业技术综合研究所（Advanced Industrial Science and Technology，AIST）认证。

HIT 电池结构如图 9-30 所示，其中间为经过制绒的高质量 n 型硅片，光照侧为 p 型/i 型非晶硅薄膜，背面为 n 型/i 型非晶硅薄膜，前、后表面溅射有 TCO 薄膜，电极制备在 TCO 薄膜上。HIT 电池特点主要有以下几个方面：

① p-n 结的制备是一个低温沉积过程（—250℃），避免了传统晶体硅太阳电池的高温扩散过程（＞850℃）对基体材料的热影响；

② 在 p-n 结之间沉积一层本征的非晶硅薄层，可以有效地降低结区复合速率，电池背面的 n 型非晶硅层同基体形成高低结，同时本征非晶硅层起到背面钝化作用，可以有效降低背面复合，提高电池开路电压；

③ 稳定性良好，光照衰减很小；

④ p-n 结通过薄膜沉积的方式实现，基体厚度可以降低到较低水平，有利于降低成本。

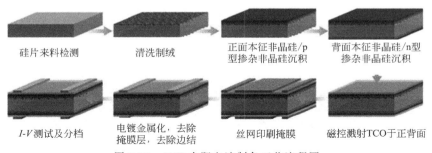

图 9-30 HIT 太阳电池制备工艺流程图

HIT 电池是高效太阳电池中比较成功的一种，2011 年 Sanyo 公司的 HIT 电池产能达 565MW。2019 年，松下电器（Panasonic）在日本宣布与钧石（中国）能源有限公司达成太阳能技术领域的合作与收购协议。HIT 电池的制备工艺、设备、材料与常规电池有很大差异。目前全球虽然有多个机构在研究 HIT 电池，但在效率和产能上与 Panasonic 仍有明显差距，表明该技术较难掌握，需要进一步研究以推向大规模生产。

9.3.3 IBC 与 HBC 电池

1975 年，美国普渡大学（Purdue University）的 R. J. Schwartz 和 M. D. Lammert 提出了交叉背接触式太阳电池（interdigitated back contact solar cell，IBC）结构。面积为 20cm² 的 IBC 太阳电池，是以厚度为 100μm 的 n 型硅片为衬底，前

表面采用 SiO_2 作为减反、钝化膜。采用扩散工艺在硅片背面形成重掺杂的发射极与背场区域，此结构能够有效地解决金属栅线对光的遮挡，能够有效地提高短路电流密度。发射极区域（硼扩散，结深为 $6\mu m$）宽度为 $130\mu m$，背场区域（磷扩散，结深为 $3\mu m$）宽度为 $75\mu m$，间隔区域（Gap 区域）宽度为 $10\mu m$。

1984 年，斯坦福大学（Stanford University）的 Richard M. Swanson 等人对 IBC 太阳电池结构作进一步优化，采用数值模拟对 IBC 太阳电池的体寿命、表面复合速率及硅片厚度进行优化设计。主要是因为 IBC 太阳电池光照后将会在电池前表面产生光生载流子，由于浓度差将会扩散到电池背面，通过 p-n 结进行分离。多数载流子流向背场，少数载流子流向发射极，因此 IBC 太阳电池器件性能对硅片前表面钝化及硅片体寿命非常敏感。1984 年，Richard M. Swanson 再次提出新型接触结构，金属与发射极、背场接触是采用 73441 个直径为 $6\mu m$ 的点进行接触，点与点的间距为 $30\mu m$。前表面同样采用 SiO_2 作为减反、钝化膜，背面采用 SiO_2/Al_2O_3 叠层膜进行钝化，同时增强背面光学反射。

Sunpower 公司开发的 IBC 电池结构如图 9-31 所示。

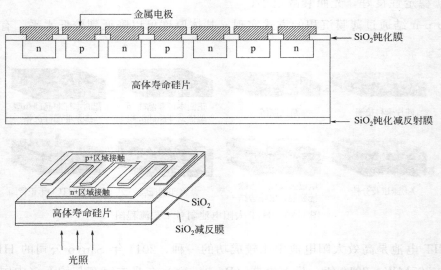

图 9-31　R. J. Schwartz 和 M. D. Lammert 提出的 IBC 太阳电池结构，
p＋与 n＋区域在电池背面属于交叉结构

1993 年，Sunpower 公司的 Ronald A. Sinton 与 P. J. Verlinden 等人，采用工业级硼扩散与磷扩散工艺，制备出面积 $A = 35cm^2$ 的 IBC 太阳电池，其效率达到了 21.3%（Sandia National Laboratories 认证），对 IBC 太阳电池产业化奠定了基础。2012 年，P. J. Verlinden 等人采用硅片衬底为 n 型的 FZ 硅片制备 IBC 太阳电池。主要是针对磷扩散前表面场进行进一步优化，扩散出方阻为 $50\sim650\Omega/sq$ 的前场，可以发现前表面场复合电流密度随着方阻的增加而降低，最低可以降低至 $4fA/cm^2$，有效面积为 $4cm^2$，最终取得了 23.3% 的转换效率。

2016 年，IBC 太阳电池无论是学术研究上，还是工业上都取得了非常重要的研究进展。天合光能与澳大利亚国立大学（Australian National University，ANU）合作开发出转换效率为 24.4％的 IBC 太阳电池。而在天合光能国家重点实验室中，6in 的 IBC 太阳电池打破了世界纪录，通过背面丝网印刷接触图案的优化，进一步降低了电池的复合，取得了 23.5％的光电转换效率。美国 Sunpower 公司公布了面积为 153.49cm² 的 IBC 电池效率达到了 25.2％，开路电压达到了 737mV，并且进一步通过数值模拟指出，光学损失和硅片体区复合损失是目前电池最大的损失。2018 年，天合光能国家重点实验室，再次将 156mm×156mm 的 IBC 太阳电池的世界纪录提高至 25.04％。

IBC 电池是目前市场上量产转换效率最高的一种产品，因为使用的硅片为高质量的 n 型硅片，同时制备过程中多次用到热氧化工艺和扩散工艺，因此生产成本较高。目前也只有美国 Sunpower 一家公司能够实现兆瓦级规模生产。这种电池的优越性是明显的，但是要大规模推广使用，还要在工艺上进一步简化与改进，否则生产成本很难降低，没有市场竞争力。

IBC 电池主要特点为：

① 电极全部位于电池背面，前表面没有栅线遮挡，增加了对入射光的吸收，可以有效提高电池短路电流。

② 前后表面采用热氧化 SiO₂ 薄膜达到很好的钝化效果，有效地降低了表面复合，背面的 SiO₂ 钝化膜和金属铝层构成背反射器，可将到达背面的长波光子反射回电池内部，增加长波光子吸收。

③ 前表面通过扩散制备 n+前表面场（front surface field，FSF），可以有效降低前表面复合，提高开路电压。

④ 全部电极位于电池背面，不用考虑遮光，在一定范围内，可以增加电极宽度，从而降低串联电阻。由于电极位于背面，更便于组件封装，且前表面无栅线，制备成组件后颜色一致，外观均匀一致。

⑤ 因收集电流的电极位于电池背面，光生载流子需要穿过整个电池到达背面被收集，所以需要基体材料有很高的少子寿命，通常采用寿命很高的 n 型硅片。

此外，IBC 和 HIT 结构与工艺能够整合在一起，最近这种 IBC＋HIT 电池也成为了研究的热点，这种电池的结构如图 9-32 所示。该类电池充分结合了异质结电池高开路电压和背接触电池高短路电流，实现了优势互补，从而大幅提高晶体硅电池的效率。

9.3.4 MWT 电池

MWT（metallization wrap-through）电池是金属穿孔卷绕电池的简称，荷兰 ECN 研究所已经开发出大规模生产效率达 19.7％的 MWT 电池技术。通过技术合作，国内太阳电池企业日托光伏已经开始大规模量产 MWT 电池和组件，显示出

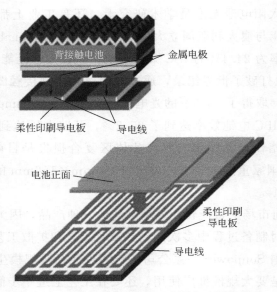

图 9-32　夏普公司新型 HBC 太阳电池测试技术

MWT 电池的广阔前景。MWT 电池，由于前表面金属遮光率很低，因此其电流可以达到 10.3 A，转换效率达到了 22.1％，属于国际领先水平。MWT 电池结构如图 9-33 所示。

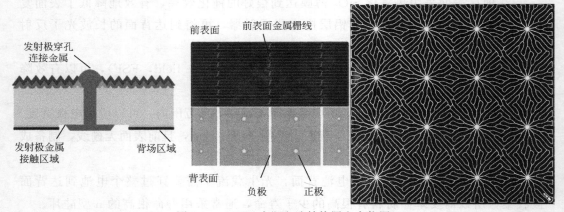

图 9-33　MWT 太阳电池结构图和实物图

MWT 电池的主要特点为：

① 将正面收集电流的主栅通过贯穿硅片的孔洞转移到电池背面，减少了正面遮光损失；

② 前表面产生的光生载流子通过贯穿硅片的孔洞（印刷有金属银浆料）到达背面被收集，降低了对基体硅材料质量的要求；

③ 电极位于电池背面，不用考虑遮光，在一定范围内可以增加电极宽度，从而减小串联电阻，并且有利于简化组件封装过程。

当前市场上已经有多家太阳电池制造商可以量产 MWT 电池，显示出这种高效电池技术具有一定的成熟性。贯穿电池的金属化孔洞的制备是实现高效 MWT 电池的一个关键问题，如何在控制激光对硅基体损伤较小的条件下，得到良好孔洞形貌和降低硅片碎片率、提高产能，需要进一步研究。另一个关键问题是改进印刷工艺和浆料，保证穿过贯孔的电极能有效连接正面和背面电极。

复习思考题

1. 电池制绒新技术有哪些？各有哪些特点？

2. 电池扩散新技术有哪些？请简单说明其缺点。

3. 电池钝化薄膜新技术有哪些？主要特点是什么？

4. 扩散工艺有哪些新技术？各有哪些特点？

5. 电极新技术有哪些？各有哪些特点？

6. 高效晶体硅太阳电池有哪些类型？请说明结构特点。

7. 请说明 PERL 电池的结构与特点。

8. 请说明 IBC 电池的结构与特点。

9. 请说明 HIT 电池的结构与特点。

10. 对于高效电池发展你有哪些想法与建议？

参考文献

[1] Wenham S R，Honsberg C B，Green M A. Buried contact silicon solar cells. Solar Energy Materials and Solar Cells，1994，34：101-110.

[2] John C Zolper，Srinivasamonan Narayanan，Stuart R Wenham，Martin A Green. 16.7% efficient，laser textured，buried contact polycrystalline silicon solar cell. Appl Phys Lett，1989（22）：27.

[3] 金井升.基于金刚石线锯切割多晶硅片的高效太阳电池研究.广州：中山大学，2018.

[4] Von Gastrow G，Alcubilla R，Ortega P，et al. Analysis of the atomic layer deposited Al_2O_3 field-effect passivation in black silicon. Solar Energy Materials and Solar Cells，2015，142：29-33.

[5] Wenham S R，Honsberg C B，Edmiston S，Koschier L，Fung A，Green M A，Ferrazza F. Simplified buried contact solar cell process. Conference Record of the Twenty Fifth IEEE Photovoltaic Specialists Conference. IEEE，1996：389-392.

[6] 赵汝强.多晶硅太阳电池表面织构及背腐蚀先进工艺的研究.广州：中山大学，2009.

[7] Lillington D R，Kukulka J R，Bunyan S M，Garlick G F J，Sater B. Development of 8cm×8cm silicon gridded back solar cell for space station. In 19th IEEE Photovoltaic Specialists Conference，1987.

[8] Kerschaver E V，Beaucarne G. Back-contact solar cells：A review. Progress in Photovoltaics：Research and Applications，2006，14 (2)：107-123.

[9] Lillington D R，Kukulka J R，MasonA V，Sater B L，Sanchez J. Optimization of silicon 8cm×8cm wrapthrough space station cells for′on orbit′operation. Conference Record of the Twentieth IEEE Photovoltaic Specialists Conference. IEEE，1988：934-939.

[10] Cavicchi B T，Mardesich N，Bunyan S M. Large area wraparound cell development. In 17th Photovoltaic Specialists Conference，1984.

[11] 沈培俊，魏代龙，周利荣，张忠卫，金光耀，王懿哲，易武雄，陈炯. 19.5％以上高效电池工业制备技术. 第八届中国太阳级硅及光伏发电研讨会，2012.

[12] 陈达明. 晶体硅太阳电池新型前表面发射极及背面金属化工艺研究. 广州：中山大学，2012.

[13] 吴伟梁. 高效晶体硅太阳电池结构与性能研究. 广州：中山大学，2018.

[14] 袁小武，江瑜，侯泽荣. 晶硅电池电极技术进展研究. 东方电气评论，2014，28 (2)：50-53.

[15] 陈奕峰. 晶体硅太阳电池的数值模拟与损失分析. 广州：中山大学，2013.

[16] Ansgar Mette. New concepts for front side metallization of industrial silicon solar cells. Ph. D. Thesis，Angewandte Wissenschaften der Albert-Ludwigs-Universität Freiburg，Breisgau，2007.

[17] Söderström T，Papet P，Ufheil J. Smart wire connection technology. The 28th European Photovoltaic Solar Energy Conference. 2013：495-499.

[18] Zhao Jianhua，Wang Aihua，Green Martin A. High-effciency PERL and PERT silicon solar cells on FZ and MCz substrates. Solar Energy Materials & Solar Cells，2001：429，435.

[19] Späth M，De Jong P C，Bennett I J，Visser T P，Bakker J，Verschoor A J. First experiments on module assembly line using back-contact solar cells. In Presented at the 23rd European Photovoltaic Solar Energy Conference，2008.

[20] Min B，Müller M，Wagner H，Fischer G，Brendel R，Altermatt P P，Neuhaus H. A roadmap toward 24％ efficient PERC solar cells in industrial mass production. IEEE Journal of Photovoltaics，2017，7 (6)：1541-1550.

[21] Kersten F，Engelhart P，Ploigt H C，Stekolnikov A，Lindner T，Stenzel F，Müller J W. Degradation of multicrystalline silicon solar cells and modules after illumination at elevated temperature. Solar Energy Materials and Solar Cells，2015，142：83-86.

[22] Melskens J，van de Loo B W，Macco B，Black L E，Smit S，Kessels W M M. Passivating contacts for crystalline silicon solar cells：From concepts and materials to prospects. IEEE Journal of Photovoltaics，2018，8 (2)：373-388.

[23] Black L E，van de Loo Macco B W H B，Melskens J，Berghuis W J H，& Kessels W M M. Explorative studies of novel silicon surface passivation materials：Considerations and lessons learned. Solar Energy Materials and Solar Cells，2018，188：182-189.

[24] Feldmann F，Bivour M，Reichel C，Steinkemper H，Hermle M，Glunz S W. Tunnel oxide passivated contacts as an alternative to partial rear contacts. Solar Energy Materials and Solar Cells，2014，131：46-50.

[25] Battaglia C，Cuevas A，De Wolf S. High-efficiency crystalline silicon solar cells：status and perspectives. Energy & Environmental Science，2016，9 (5)：1552-1576.

[26] Hsiao P C，Song N，Wang X，Shen X，Phua B，Colwell Verlinden P. 266-nm ps laser ablation for copper-plated p-type selective emitter PERC silicon solar cells. IEEE Journal of Photovoltaics，2018，8（4）：952-959.

[27] Dang C，Labie R，Simoen E，Poortmans J. Detailed structural and electrical characterization of plated crystalline silicon solar cells. Solar Energy Materials and Solar Cells，2018，184：57-66.

[28] Shanmugam V，Wong J，Peters I M，Cunnusamy J，Zahn M，Zhou A，Mueller T. Analysis of fine-line screen and stencil-printed metal contacts for silicon wafer solar cells. IEEE Journal of Photovoltaics，2015，5（2）：525-533.

[29] 宋经纬. 旁轴超声波喷雾激光掺杂制备选择性发射极及 KPFM 表征. 广州：中山大学，2016.

[30] Dingemans G. Nanolayer surface passivation schemes for silicon solar cells. Tilburg：PhD Thesis，2011.

[31] Röder T C，Hoffmann E，Köhler J R，Werner J H. 30μm wide contacts on silicon cells by laser transfer. In 2010 35th IEEE Photovoltaic Specialists Conference. IEEE，2010.

[32] Shin D Y，Seo J Y，Tak H，Byun D. Bimodally dispersed silver paste for the metallization of a crystalline silicon solar cell using electrohydrodynamic jet printing. Solar Energy Materials and Solar Cells，2015，136：148-156.

[33] https://schmid-group.com/cn.

[34] https://gtat.com/about/.

附录

[15] Bauer J, Buettner A, Wu X, et al. Hysteresis effect in silicon heterojunction solar cells with electron-selective titanium-oxide layers[J]. IEEE Journal of Photovoltaics, 2017, 5: 132-454.

[16] Batzer O, Cabanas-Holmen J, et al. Interactions between passivation and electrical characterisation of player crystalline silicon solar cells[J]. Energy Materials and Solar Cells, 2018, 131: 132-95.

[17] Shangzuan K, Wang R, Peter J A, et al. Impact of Zahir H, et al. Wu X, Wedell J, Yanbing Qi. Interfaces and surfaces in perovskite solar cells[J]. IEEE Journal of Photovoltaics, 2017.

[18] Tang Quan C, Yanbing Qi. Charge carrier conversion and recombination exciton in methylammonium lead[J]. 2018.

[19] Rieder H, Hoffmann F, et al. Wu X, et al. Yttrium oxide surfaces on silicon cells by infrared[J].

[20] Sun D, Yanbing. Interface photovoltaics in crystalline[J]. Recombination and charge-carrier recombination of a perovskite silicon solar cell[J]. Solar Energy Materials and Solar Cells, 2017: 178.

附录 1 AM1.5G 太阳辐射光谱数据

波长/nm	光谱辐照度 /[W/(m·nm)]	光子流/cm²·s	波长/nm	光谱辐照度 /[W/(m·nm)]	光子流/cm²·s
300	0.001	5.3×10^{11}	410	1.166	1.1×10^{16}
305	0.016	1.3×10^{13}	415	1.216	1.3×10^{16}
310	0.061	6.0×10^{13}	420	1.207	1.4×10^{16}
315	0.130	1.6×10^{14}	425	1.211	1.5×10^{16}
320	0.212	3.3×10^{14}	430	1.048	1.6×10^{16}
325	0.310	5.9×10^{14}	435	1.268	1.8×10^{16}
330	0.417	9.3×10^{14}	440	1.303	1.9×10^{16}
335	0.419	1.3×10^{15}	445	1.420	2.1×10^{16}
340	0.470	1.7×10^{15}	450	1.539	2.3×10^{16}
345	0.471	2.1×10^{15}	455	1.528	2.4×10^{16}
350	0.507	2.5×10^{15}	460	1.555	2.6×10^{16}
355	0.550	3.0×10^{15}	465	1.548	2.8×10^{16}
360	0.510	3.5×10^{15}	470	1.549	3.0×10^{16}
365	0.653	4.1×10^{15}	475	1.573	3.2×10^{16}
370	0.695	4.7×10^{15}	480	1.608	3.4×10^{16}
375	0.628	5.3×10^{15}	485	1.488	3.5×10^{16}
380	0.722	6.0×10^{15}	490	1.530	3.7×10^{16}
385	0.581	6.6×10^{15}	495	1.582	3.9×10^{16}
390	0.745	7.3×10^{15}	500	1.527	4.1×10^{16}
395	0.607	7.9×10^{15}	505	1.545	4.3×10^{16}
400	1.071	9.0×10^{15}	510	1.561	4.5×10^{16}
405	1.144	1.0×10^{16}	515	1.473	4.7×10^{16}

续表

波长/nm	光谱辐照度/[W/(m·nm)]	光子流/cm²·s	波长/nm	光谱辐照度/[W/(m·nm)]	光子流/cm²·s
520	1.481	4.9×10^{16}	700	1.283	1.3×10^{17}
525	1.507	5.1×10^{16}	705	1.302	1.3×10^{17}
530	1.569	5.3×10^{16}	710	1.306	1.3×10^{17}
535	1.529	5.5×10^{16}	715	1.243	1.4×10^{17}
540	1.507	5.7×10^{16}	720	1.050	1.4×10^{17}
545	1.538	5.9×10^{16}	725	1.080	1.4×10^{17}
550	1.538	6.1×10^{16}	730	1.088	1.4×10^{17}
555	1.532	6.3×10^{16}	735	1.206	1.4×10^{17}
560	1.497	6.6×10^{16}	740	1.210	1.5×10^{17}
565	1.504	6.8×10^{16}	745	1.243	1.5×10^{17}
570	1.483	7.0×10^{16}	750	1.232	1.5×10^{17}
575	1.491	7.2×10^{16}	755	1.227	1.5×10^{17}
580	1.492	7.4×10^{16}	760	0.697	1.5×10^{17}
585	1.523	7.6×10^{16}	765	0.688	1.6×10^{17}
590	1.409	7.9×10^{16}	770	1.143	1.6×10^{17}
595	1.451	8.1×10^{16}	775	1.172	1.6×10^{17}
600	1.455	8.3×10^{16}	780	1.164	1.6×10^{17}
605	1.481	8.5×10^{16}	785	1.154	1.6×10^{17}
610	1.470	8.7×10^{16}	790	1.106	1.7×10^{17}
615	1.438	9.0×10^{16}	795	1.085	1.7×10^{17}
620	1.459	9.2×10^{16}	800	1.085	1.7×10^{17}
625	1.410	9.4×10^{16}	805	1.073	1.7×10^{17}
630	1.390	9.6×10^{16}	810	1.050	1.8×10^{17}
635	1.434	9.9×10^{16}	815	0.896	1.8×10^{17}
640	1.444	1.0×10^{17}	820	0.899	1.8×10^{17}
645	1.429	1.0×10^{17}	825	0.900	1.8×10^{17}
650	1.386	1.1×10^{17}	830	0.905	1.8×10^{17}
655	1.324	1.1×10^{17}	835	0.971	1.8×10^{17}
660	1.385	1.1×10^{17}	840	1.002	1.9×10^{17}
665	1.404	1.1×10^{17}	845	1.000	1.9×10^{17}
670	1.415	1.1×10^{17}	850	0.960	1.9×10^{17}
675	1.402	1.2×10^{17}	855	0.936	1.9×10^{17}
680	1.392	1.2×10^{17}	860	0.988	1.9×10^{17}
685	1.289	1.2×10^{17}	865	0.940	2.0×10^{17}
690	1.180	1.2×10^{17}	870	0.955	2.0×10^{17}
695	1.274	1.3×10^{17}	875	0.944	2.0×10^{17}

波长/nm	光谱辐照度/[W/(m·nm)]	光子流/cm²·s	波长/nm	光谱辐照度/[W/(m·nm)]	光子流/cm²·s
880	0.931	2.0×10^{17}	1060	0.627	2.6×10^{17}
885	0.923	2.1×10^{17}	1065	0.623	2.6×10^{17}
890	0.919	2.1×10^{17}	1070	0.607	2.6×10^{17}
895	0.793	2.1×10^{17}	1075	0.606	2.6×10^{17}
900	0.653	2.1×10^{17}	1080	0.594	2.7×10^{17}
905	0.751	2.1×10^{17}	1085	0.577	2.7×10^{17}
910	0.664	2.1×10^{17}	1090	0.576	2.7×10^{17}
915	0.644	2.2×10^{17}	1095	0.529	2.7×10^{17}
920	0.714	2.2×10^{17}	1100	0.493	2.7×10^{17}
925	0.725	2.2×10^{17}	1105	0.461	2.7×10^{17}
930	0.459	2.2×10^{17}	1110	0.408	2.7×10^{17}
935	0.195	2.2×10^{17}	1115	0.226	2.7×10^{17}
940	0.365	2.2×10^{17}	1120	0.145	2.7×10^{17}
945	0.300	2.2×10^{17}	1125	0.115	2.8×10^{17}
950	0.337	2.2×10^{17}	1130	0.160	2.8×10^{17}
955	0.343	2.2×10^{17}	1135	0.125	2.8×10^{17}
960	0.427	2.2×10^{17}	1140	0.239	2.8×10^{17}
965	0.495	2.3×10^{17}	1145	0.160	2.8×10^{17}
970	0.667	2.3×10^{17}	1150	0.206	2.8×10^{17}
975	0.596	2.3×10^{17}	1155	0.257	2.8×10^{17}
980	0.651	2.3×10^{17}	1160	0.329	2.8×10^{17}
985	0.715	2.3×10^{17}	1165	0.405	2.8×10^{17}
990	0.742	2.3×10^{17}	1170	0.439	2.8×10^{17}
995	0.745	2.4×10^{17}	1175	0.435	2.8×10^{17}
1000	0.735	2.4×10^{17}	1180	0.417	2.8×10^{17}
1005	0.714	2.4×10^{17}	1185	0.433	2.9×10^{17}
1010	0.720	2.4×10^{17}	1190	0.428	2.9×10^{17}
1015	0.711	2.4×10^{17}	1195	0.454	2.9×10^{17}
1020	0.697	2.4×10^{17}	1200	0.424	2.9×10^{17}
1025	0.693	2.5×10^{17}	1205	0.428	2.9×10^{17}
1030	0.687	2.5×10^{17}	1210	0.429	2.9×10^{17}
1035	0.677	2.5×10^{17}	1215	0.448	2.9×10^{17}
1040	0.671	2.5×10^{17}	1220	0.455	2.9×10^{17}
1045	0.659	2.5×10^{17}	1225	0.451	3.0×10^{17}
1050	0.654	2.6×10^{17}	1230	0.464	3.0×10^{17}
1055	0.645	2.6×10^{17}	1235	0.464	3.0×10^{17}

波长/nm	光谱辐照度 /[W/(m·nm)]	光子流/cm²·s	波长/nm	光谱辐照度 /[W/(m·nm)]	光子流/cm²·s
1240	0.462	3.0×10^{17}	1325	0.273	3.2×10^{17}
1245	0.456	3.0×10^{17}	1330	0.188	3.2×10^{17}
1250	0.454	3.0×10^{17}	1335	0.189	3.2×10^{17}
1255	0.442	3.0×10^{17}	1340	0.172	3.2×10^{17}
1260	0.421	3.1×10^{17}	1345	0.086	3.2×10^{17}
1265	0.386	3.1×10^{17}	1350	0.010	3.2×10^{17}
1270	0.364	3.1×10^{17}	1355	0.000	3.2×10^{17}
1275	0.411	3.1×10^{17}	1360	0.000	3.2×10^{17}
1280	0.411	3.1×10^{17}	1365	0.000	3.2×10^{17}
1285	0.418	3.1×10^{17}	1370	0.000	3.2×10^{17}
1290	0.411	3.1×10^{17}	1375	0.000	3.2×10^{17}
1295	0.395	3.2×10^{17}	1380	0.000	3.2×10^{17}
1300	0.379	3.2×10^{17}	1385	0.000	3.2×10^{17}
1305	0.345	3.2×10^{17}	1390	0.000	3.2×10^{17}
1310	0.337	3.2×10^{17}	1395	0.000	3.2×10^{17}
1315	0.305	3.2×10^{17}	1400	0.001	3.2×10^{17}
1320	0.289	3.2×10^{17}			

数据来源：C. A. Gueymard，Smarts2，A simple model of the atmospheric radiative transfer of sunshine：Algorithms and performance assessment. Florida Solar Energy Center Report，1995.

附录 2　晶体硅太阳电池分类

电池类型			全称
单晶硅	p型电池	Al-BSF	aluminum back surface field,铝背场电池
		PERC	passivated emitter and rear cell,钝化发射极和背面电池
		MWT	metal wrap through,金属环绕贯穿太阳电池
	n型电池 / 同质结	PERL	passivated emitter,rear locally-diffused,钝化发射极背面定域扩散电池
		PERT	passivated emitter,rear totally-diffused,钝化发射极背面全扩散电池
		TOPCon	tunnel oxide passivated contact,钝化接触电池
		EWT	emitter wrap through,发射区环绕贯穿电池
		IBC	interdigitated back contact solar cells,交叉背接触太阳电池
	异质结	HIT	heterojunction with intrinsic thin-layer,本征非晶硅薄层/晶体硅异质结太阳电池
		HBC	heterojunction back contact,全背电极背接触异质结太阳电池

续表

电池类型				全称
多晶硅	p型电池	同质结	Al-BSF	aluminum back surface field,铝背场电池
			PERC	passivated emitter and rear cell,钝化发射极和背面电池
	n型电池		TOPCon	tunnel oxide passivated contact,钝化接触电池
硅基叠层电池			GaAs/Si	砷化镓/硅叠层电池
			Perovskite/Si	钙钛矿/硅叠层电池

附录3 2019年太阳电池最高效率记录表

分类	电池结构特征	面积/cm^2	效率/%	开路电压/V	短路电流/(mA/cm^2)	填充因子/%	所属机构
单晶硅电池	异质结,背接触	79	26.7	0.738	42.65	84.9	日本Kaneka公司
GaAs单结电池	薄膜电池	0.998	29.1	1.1272	29.78	86.7	Alta Devices公司
InP单结电池		1.008	24.2	0.939	31.15	82.6	美国NREL研究所
CIGS电池		1.043	23.35	0.734	39.58	80.4	Solar Frontier公司
CdTe电池		1.0623	21.0	0.8759	30.25	79.4	First Solar公司
钙钛矿单结电池		1.0235	21.6	1.193	21.64	83.6	澳大利亚国立大学
钙钛矿/Si叠层电池	二端叠层电池	1.03	28.0	1.802	19.75	78.7	牛津光伏公司

注：Martin A. Green，Ewan D. Dunlop，Jochen Hohl-Ebinger，Masahiro Yoshita，Nikos Kopidakis，Anita W. Y. Ho-Baillie. Solar cell efficiency tables (version 55). Progress in Photovoltaics: Research and Applications，2020，28：3-15.

附录4 国际著名太阳电池研究机构

国家	研究机构名称	互联网主页
德国	Fraunhofer Institute for Solar Energy Systems (Fraunhofer-ISE)	http://www.ise.fraunhofer.de/de
	Solar Energy Research in Hamelin (ISFH)	https://isfh.de/
	Institute of Energy and Climate Research (IEK)-5 Photovoltaics，Jülich Forschungszentrum	https://www.fz-juelich.de/iek/iek-5/EN/Home/home_node.html
美国	National Renewable Energy Laboratory (NREL)	http://www.nrel.gov/
澳大利亚	School of Photovoltaic and Renewable Energy Engineering Faculty of Engineering，University of New South Wales (UNSW)	http://www.unsw.edu.au/
	Research School of Electrical，Energy and Materials Engineering，Australian National University (ANU)	https://eeme.anu.edu.au/research/energy/photovoltaics

续表

国家	研究机构名称	互联网主页
瑞士	Photovoltaics and Thin Film Electronics Laboratory，École Polytechnique Fédérale de Lausanne (EPFL-PVLAB)	https://www.epfl.ch/labs/pvlab/
	PV-Center，Centre Suisse d'Électronique et de Microtechnique，(CSEM-PV-Center)	https://www.csem.ch/pv-center
荷兰	Energy research Centre of the Netherlands (ECN)	https://www.ecn.nl
比利时	Interuniversity Microelectronics Centre (IMEC)	https://www.imec-int.com/en/home

附录5　太阳电池生产安全与防护——化学用品使用的急救措施

（1）氢氟酸急救措施

吸入：迅速脱离现场至空气新鲜处。保持呼吸道通畅。如呼吸困难，迅速输氧。如停止呼吸，立即进行人工呼吸，并急送医院处理。

皮肤接触：立即脱去被污染的衣着，用大量流动清水冲洗，至少15min。立刻就医。

眼睛接触：立即提起眼睑，用大量流动清水或生理盐水彻底冲洗至少15min。急送医院救治。

食入：误服者用水漱口，给饮牛奶或蛋清。急送医院救治。

（2）硝酸急救措施

吸入：

① 若患者已无意识或反应，施救前先做好自身的防护措施，确保自己的安全；

② 移除污染源或将患者移至新鲜空气处；

③ 若呼吸停止，立即由受过训练的人员施予人工呼吸。若心跳停止施行心肺复苏术，立即就医。

皮肤接触：脱去被污染的衣着，用流动肥皂水或清水彻底冲洗衣着。

眼睛接触：

① 立即将眼皮撑开，用缓和流动的温水冲洗污染的眼睛20min；

② 可能情况下使用生理盐水冲洗，且冲洗时不要间断；

③ 避免清洗水进入未受影响的眼睛；

④ 如果刺激感持续，反复冲洗；

⑤ 立即就医。

食入：饮足量温水，催吐。急送医院救治。

（3）盐酸急救措施

皮肤接触：立即脱去污染的衣着，用大量流动清水冲洗至少 15min。立刻就医。

眼睛接触：立即提起眼睑，用大量流动清水或生理盐水彻底冲洗至少 15min。立刻就医。

吸入：迅速脱离现场至空气新鲜处。保持呼吸道通畅。如呼吸困难，给输氧。如呼吸停止，立即进行人工呼吸。就医。

食入：用水漱口，给饮牛奶或蛋清。立刻就医。

（4）氢氧化钾急救措施

皮肤接触：立即脱去污染的衣着，用大量流动清水冲洗至少 15min。立刻就医。

眼睛接触：立即提起眼睑，用大量流动清水或生理盐水彻底冲洗至少 15min。立刻就医。

吸入：迅速脱离现场至空气新鲜处。保持呼吸道通畅。如呼吸困难，给输氧。如呼吸停止，立即进行人工呼吸。立刻就医。

食入：用水漱口，给饮牛奶或蛋清。立刻就医。

（5）硫酸急救措施

皮肤接触：立即脱去污染的衣着，用大量流动清水冲洗至少 15min。立刻就医。

眼睛接触：立即提起眼睑，用大量流动清水或生理盐水彻底冲洗至少 15min。立刻就医。

吸入：迅速脱离现场至空气新鲜处。保持呼吸道通畅。如呼吸困难，给输氧。如呼吸停止，立即进行人工呼吸。立刻就医。

食入：用水漱口，给饮牛奶或蛋清。立刻就医。

（6）IPA 使用注意事项

① 与水、乙醇、乙醚、氯仿混溶，能熔解生物碱、橡胶等多种有机物和某些无机物，常温下可引火燃烧，其蒸气与空气混合易形成爆炸混合物，接触高浓度蒸气出现头痛、嗜睡以及眼、鼻、喉刺激症状。

② 该品低毒，操作人员应穿戴防护用具。

注释：内容来自于海润光伏公司安全培训材料。

附录6　太阳能级多晶硅片合格产品规格书
（企业标准）

1　范围
本规范规定了多晶硅片的性能、储存、运输。

本规范适用于国内某公司生产的太阳能级多晶硅片，详细描述了该系列硅片的特性和适用范围。

2 引用标准

GB/T 2828.1 计数抽样检验程序 第一部分 按接受质量限（AQL）检索的逐批检验抽样计划。

3 标记和规格

4 技术要求

4.1 多晶硅片外观尺寸如附表1所示。

附表 1 多晶硅片外观尺寸参数

项目	参数	备注
外形	直方	
边长/mm	156.0×156.0(±0.5)	
直角度	90°±0.3°	
厚度(TV)	(200±20)μm (180±20)μm	中心厚度
总厚度偏差(TTV)	≤30 μm	片内最大厚度与最小厚度差值(按5点法测试)

多晶硅片外观尺寸见附图1。

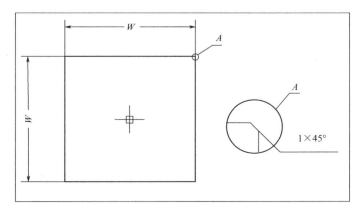

附图 1　太阳电池多晶硅片尺寸

4.2 多晶硅片表面质量见附表2。

附表 2　多晶硅片表面质量参数

项目	参数	备注
边缘缺陷	长度 ≤ 20 mm,无宽度	

续表

项目	参数	备注
崩边	长≤0.5 mm 宽≤0.3 mm 深≤1/3 (数量≤1个)	
缺口	无	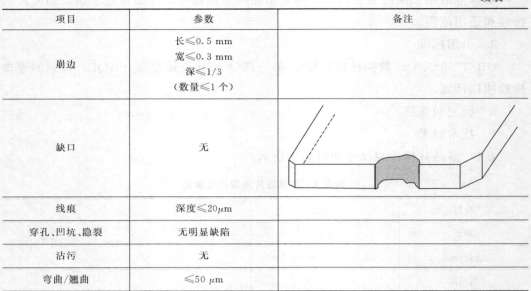
线痕	深度≤20μm	
穿孔、凹坑、隐裂	无明显缺陷	
沾污	无	
弯曲/翘曲	≤50 μm	

4.3 多晶硅片电学性能见附表3。

附表3 多晶硅片电学性能参数

项目	参数	备注
电阻率/Ω·cm	0.8~3.0	
少子寿命/μs	≥2.0	

4.4 杂质含量见附表4。

附表4 多晶硅片材料特性参数

项目	参数	备注
生长方式	DSS	
掺杂型号/掺杂元素	p型/B	
氧含量	≤12×10⁻⁶	
碳含量	≤14×10⁻⁶	

5 运输、储存

5.1 运输

产品运输过程中轻拿轻放、严禁抛掷,且采取防震、防潮措施。

5.2 储存

产品储存在清洁、干燥的环境中,温度10~40℃;湿度≤60%;避免酸碱腐蚀性空气,避免油污、灰尘颗粒气氛。

附录 7　单晶硅片 A 级品合格产品规格书

（江苏润阳悦达光伏标准）

156.75 硅片材料特性测试		
特性	规格	检验条件
尺寸		
中心厚度(T)	$190^{+20}_{-10}\mu m$	硅检测试机
边长	$(156.75\pm0.25)mm$	游标卡尺
对角线	$(210\pm0.25)mm$	游标卡尺
垂直度	$90°\pm0.3°$	
翘曲度/弯曲度	$\leqslant50\mu m$	目视+塞尺验证
倒角大小	$8\sim9mm$	目视+点规验证
氧含量	$\leqslant9.0\times10^{17}at/cm^3$	—
碳含量	$\leqslant5.0\times10^{16}at/cm^3$	—
位错密度	$\leqslant500cm^{-2}$	—
电学特性		
特性	规格	检验条件
电阻率	$0.4\sim1.1\Omega\cdot cm/1.1\sim1.8\Omega\cdot cm/1.8\sim3.1\Omega\cdot cm$(掺镓)；$1\sim3\Omega\cdot cm$(掺硼常规)；$0.5\sim1.5\Omega\cdot cm$(掺硼低阻)	仪器检验,在室温、良好照明(光照度≥700lx)条件下
少子寿命	$\geqslant15\mu s$	WT-2000
导电类型	p 型	
线痕/台阶	线痕高度差$\leqslant15\ \mu m$；亮线痕不允许	目视+线痕仪验证
表面质量	表面洁净,无可见污染(不允许油污、指印、花斑、胶残留等)	
色差	表面不允许有色差	目视
边缘缺陷	硅片边缘无缺角,无缺口,无 V 形缺口,崩边宽度$\leqslant0.5mm$,深度$\leqslant0.3\ mm$,数量$\leqslant2$ 个	目视+仪器检验,在室温、良好照明(光照度≥700lx)条件下,四边四角正反两面各倒一遍